英国大角星百科丛书

科学实验
情境大百科

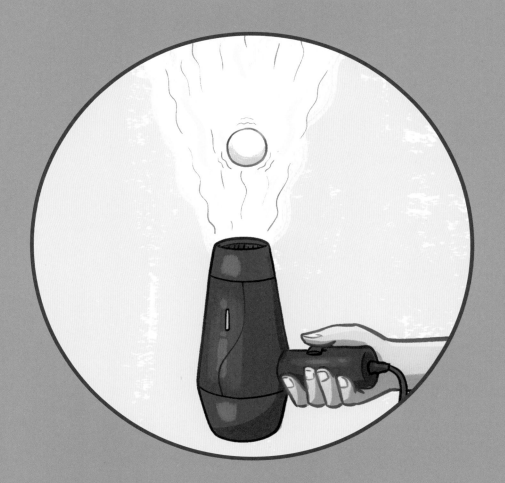

Encyclopedia of Science Experiments

【英】托马斯·卡纳万 编著 韩鑫桐 译

华东理工大学出版社
EAST CHINA UNIVERSITY OF SCIENCE AND TECHNOLOGY PRESS

·上海·

图书在版编目（CIP）数据

科学实验情境大百科 /（英）托马斯·卡纳万编著；
韩鑫桐译. — 上海：华东理工大学出版社，2024.6.
（英国大角星百科丛书）. — ISBN 978-7-5628-7523-9

Ⅰ. N33-49

中国国家版本馆CIP数据核字第2024MW3584号

书名原文：Children's Encyclopedia of Science Experiments

Copyright © Arcturus Holdings Limited

www.arcturuspublishing.com

All the credits to illustrations in this book can be found in original Arcturus' edition.

这本书中所有插图的版权信息见原版图书。

著作权合同登记号：09-2024-0238

项目统筹 / 王　祎　王可欣

责任编辑 / 石　曼

责任校对 / 张　波

装帧设计 / 居慧娜

出版发行 / 华东理工大学出版社有限公司

　　　　　地址：上海市梅陇路 130 号，200237

　　　　　电话：021－64250306

　　　　　网址：www.ecustpress.cn

　　　　　邮箱：zongbianban@ecustpress.cn

印　　刷 / 上海雅昌艺术印刷有限公司

开　　本 / 889 mm × 1194 mm　1/16

印　　张 / 8

字　　数 / 180 千字

版　　次 / 2024 年 6 月第 1 版

印　　次 / 2024 年 6 月第 1 次

定　　价 / 80.00 元

Contents
目录

引言

作为科学探索的基石，科学实验致力于揭示宇宙间万物的奥秘与规律。它涵盖了从微观到宏观，从静态到动态的广阔领域，而其中的六大主题——物质、力和运动、光和声、热和冷、电和磁、生物——为我们提供了了解这个多彩世界的窗口。

物质的探索

科学实验的起点，往往是对物质的深入探索。物质，作为构成宇宙的基本要素，其特性、结构和变化规律是我们了解世界的基石。从原子到分子，从固态到液态再到气态，物质世界的奥秘令人着迷。通过科学实验，我们不仅能了解物质的本质，还能发现新的物质形态和性质，为人类的科技进步和文明发展奠定坚实的基础。

力和运动的联系

力和运动是物理学中的核心概念，它们之间的相互作用是我们理解和描述物体行为的基础。从伽利略的自由落体实验到牛顿的运动定律，人类对力和运动的认识不断深化。通过科学实验，我们可以更直观地感受力和运动之间的联系。

光和声的魅力

光和声是我们感知世界的重要方式。光是一种电磁波，它携带着丰富的信息，让我们能够看到色彩斑斓的世界；声是一种机械波，它通过振动传递信息，让我们能够听到万物的声音。通过科学实验，我们能够了解光和声的特性，并感受光和声的魅力，同时还能了解其在科技领域的应用，如光学仪器、声学设备等。这些技术不仅丰富了我们的生活，还推动了科技的发展和进步。

热和冷的奥秘

温度是物体的冷热程度的度量，它与物质的微观状态密切相关。热力学定律帮助我们理解热量如何流动和传递，以及能量如何在不同形式之间转化。通过科学实验，我们可以探索物质在不同温度下的行为，以及这些行为如何影响宏观现象。

电和磁的相互作用

在物理学中，电和磁互相联系、不可分割，它们之间的相互作用是现代电子学和电磁学的基础。从简单的电路到复杂的电磁场，通过科学实验，我们能够观察电流和磁场的效应，理解它们如何影响我们的日常生活。

生物的奥秘

人体等生物体由多种类型的细胞构成，这些细胞通过复杂的相互作用形成组织、器官和系统。从细胞到组织、从组织到器官、从器官到系统、从系统到个体、从个体到种群、从种群到群落，再到整个生态系统，生物世界的奥秘无穷无尽。通过科学实验，我们能够逐步揭开这些奥秘，增进我们对生命现象的理解和认识。

第一章

物质

我们可以在家中完成这本书中的所有科学实验，并且不需要任何特殊的实验工具！通过动手操作，我们可以直观地观察到许多神奇的科学现象，并学习和了解它背后的科学原理。在本章，我们将对各种形态（包括固态、液态和气态）的物质的性质进行研究。

揭秘物质

不同的物质具有不同的形状、大小和状态。当我们开始对生活中的现象产生好奇心时，我们就迈出了探索世界的第一步。无论是南极海岸冰山的断裂，还是玻璃的碎裂、冰激凌的熔化，这些现象中都蕴含着许多科学奥秘。

物质可以发生许多变化，比如弯曲、断裂、熔化、膨胀、收缩，有时还可能发生一些令人困惑的变化，比如某些合金在加热或冷却时可以记住其原始形状，并在再次加热或冷却时恢复该形状。本章的这些实验将带领我们一起探索物质变化背后的奥秘，对物质产生新的认识。

材料科学的研究领域十分广泛，它和物理、化学，以及多个工程分支学科（如机械工程、电子工程、土木工程等）都息息相关。

你知道吗

牢固的建筑

建筑的地基是否牢固关系着人民的生命安全。因此，工程师在规划建筑的设计方案时，首先要考虑的就是建筑物的地基的牢固性。在下面的实验中你会发现，打地基要同时考虑地基的稳定性和强度。

1 揉 6 个纸团，把它们按图片所示的样子放置在地面上。

2 小心地将书籍放在放置好的纸团上。

3 不断往上添加书籍，直到"1 号书塔"倒塌。

4 再揉 6 个相同的纸团，把它们整齐地按上面图片所示的样子放入鞋盒里。

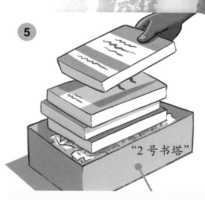

5 同样地，将书籍放在纸团上，不断往上添加，直到"2 号书塔"倒塌。

6 比较两座"书塔"在倒塌之前的高度。

你需要准备 12 张纸、若干本书籍（大致尺寸相同）、1 个鞋盒

就像实验中没有用鞋盒的"1号书塔"一样，意大利的比萨斜塔也存在"地基问题"。这座著名的建筑于 1173 年开始建造，1174 年首次发现倾斜。

比萨斜塔下的土壤中含有大量的黏土和沙子，加之地下水位的影响，导致土壤的承载能力不均，无法稳定支撑塔身，从而引起了塔的倾斜。

科学揭秘

　　通过建造"书塔"的实验，我们知道了地基是如何支撑建筑物的。在"1号书塔"的底部，被压住的纸团受到了来自书籍向下的压力，被迫发生形变，但是由于"书塔"在四周没有支撑，"地基"十分不稳定，因此很容易就倒塌了。然而，在"2号书塔"底部，鞋盒的侧面对"地基"的侧面起到了支撑作用，能够固定纸团的位置并使其保持稳定，这种稳定性可以使我们的"书塔"建造得更高。

你知道吗　在 20 世纪 90 年代，意大利政府对比萨斜塔开展了一次大规模的工程修复项目，略微减小了它的倾斜角度。

7

金属的奥秘

金属通常被认为是坚硬、不易弯曲的固体材料，但并非所有金属都是固体，如水银在室温下是液体。无论是坚硬的还是柔软的金属，它们的性质都取决于构成它们的粒子。你可以通过以下实验亲身感受一下。

将2个罐子的盖子拧紧，使其很难被拧开。

把其中一个罐子用冷水冲洗。

持续冲洗30秒，尝试拧开盖子，可以发现仍然难以拧开。

把另外一个罐子用热水冲洗（请注意选择合适的水温，不要过烫）。

试着拧开盖子，你会发现很容易就能拧开。

 你需要准备 2个相同的有金属盖的罐子、热水、冷水

过山车的轨道所使用的钢材虽然很坚固，但就像放在热水下面的金属盖一样，它受热时也会膨胀。

在高温天气下，过山车在行驶中不可避免地会左右晃动，可能会使部分膨胀的轨道变弯曲，因此，有时出于安全考虑，游乐园可能需要关闭过山车，以防发生事故。

科学揭秘

　　通过这个实验可以证明，金属盖受热时会膨胀，科学家把金属受热膨胀的现象称为热膨胀。这是因为当金属受热时，金属内部的粒子会互相远离，金属的体积就会略微变大。

　　在受热时，玻璃罐的体积也会变大，但金属膨胀的程度比玻璃大，这使得金属盖和玻璃罐之间产生了间隙，所以我们能很轻易地拧开盖子。

? 你知道吗　　1986 年 4 月 26 日，由于反应堆设计缺陷和操作失误，切尔诺贝利核电站发生爆炸，在这个过程中，反应堆内部的金属结构在极端温度下发生热膨胀，加剧了此次事故的严重性。

分子的魔力

　　物质性质的奥秘其实都隐藏在构成物质的微观粒子之中。质地较硬的物质，构成它们的粒子一般是紧密地结合在一起的；质地较软的物质，构成它们的粒子间的间隙一般较大。分子是构成物质的一种粒子，下面让我们通过一个神奇的实验来感受分子的魔力吧！

在塑料袋中装一定量的水，封住封口，手从上面提稳袋子。

用削尖的铅笔用力戳穿塑料袋。

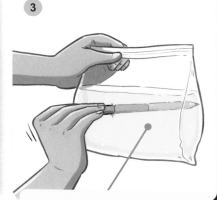

继续向前戳，直到笔尖从塑料袋的另一面穿出来。

观察塑料袋的两面是否有水流出，可以发现袋子仍然保持干燥。

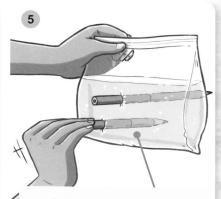

再拿几支铅笔，用同样的方法戳穿塑料袋。

看看塑料袋中能插入多少支铅笔吧！

10 　你需要准备　带封口的塑料袋、水、几支削尖的铅笔

章鱼没有坚硬的骨骼，它柔软的身体能够从十分狭窄的缝隙中钻过去，且钻过去后仍能恢复原状。

章鱼惊人的变形能力赋予了它出色的逃生能力。

科学揭秘

　　这个实验之所以能成功，是因为塑料袋是由高分子化合物制成的，且制成塑料袋的高分子化合物具备弹性，能够弯曲、伸展，并在去除外力后恢复原状。当你穿毛衣时，在头穿过毛衣领口的过程中，领口会先变大，再变小，最后贴合在你的脖子上。同样的道理，当你把铅笔戳进塑料袋中时，高分子化合物中的分子会先分开，再紧密包裹住铅笔，水也就不会漏出来了。

 你知道吗 曾经有一只体重为 1.8 千克的章鱼钻过了一个只有 2 厘米宽的缝隙。

酸的腐蚀性

　　酸能与多种物质发生反应，有时这些反应能产生令人惊叹的现象。强酸具有强大的分解能力，比如胃酸能帮助我们消化食物；弱酸与其他物质反应则通常较平缓。下面我们就用醋和骨头进行实验，来体会酸的腐蚀性。

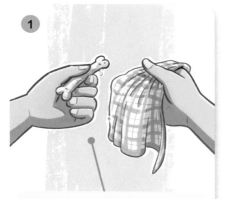

选择 1 根与你的手指差不多长的鸡腿骨头，清洗并擦干。

将清洗干净的骨头放入玻璃罐中，然后倒入足够的醋，确保骨头完全浸泡在醋中。

盖上盖子，静置 2~3 天。

将玻璃罐中的醋倒出，用清水洗净骨头。

用毛巾擦干骨头。

轻轻晃动这根骨头并观察，你会感觉它像橡胶一样。

你需要准备　1 根鸡腿骨头、1 个带盖的罐子、醋

鸡腿骨头和人类骨头的成分相似，骨头中含有的碳酸钙和其他矿物质赋予了骨头坚硬的特点。醋中含有乙酸，当骨头被浸泡数天后，醋会慢慢分解骨头中的碳酸钙，骨头就会慢慢变软。但它仍能保持原来的形状，是因为骨头中的胶原蛋白（一种高分子蛋白质）依然存在，能够继续为骨头提供结构支撑。

从工厂烟囱中排放出来的某些化学物质，溶于雨水后会转变成酸性物质，这一过程会导致雨水酸化，进而形成酸雨。

就像醋会腐蚀骨头一样，酸雨会损害树木等植物，从而逐渐使森林退化。

你知道吗 酸雨还会侵蚀纪念碑等建筑物，使得许多雕像变得面目全非。

神奇的胶体

大多数物质是由分子组成的，这些分子通过分子间作用力聚集在一起。胶体则有所不同，它们通常是由微小的颗粒分散在另一种物质中形成的混合物，由于胶体粒子相互排斥，它们不容易聚集，故而可以稳定地存在。在接下来的实验中，我们可以观察到非常奇特的现象。

1 向碗里加入 4 勺玉米淀粉，使其均匀分散在碗底。

2 向杯子中加满冷水。

3 用小勺子向玉米淀粉中加 1 勺水。

4 用叉子将淀粉和水搅匀。

5 多次加水并搅拌，然后用手指戳一下碗中的混合物。

6 会发现混合物是硬的，但当你晃动碗时，会发现混合物是流动的。

  你需要准备 1 个中等大小的碗、玉米淀粉、1 把小勺子、1 个杯子、冷水、1 把叉子

鸡蛋清、果冻和豆浆都是日常生活中常见的胶体，天然蜂蜜中也含有影响其形态和性质的胶体颗粒。

对天然蜂蜜进行过滤处理，去除其中的一些胶体颗粒后，可以得到流动性更好、更清澈的蜂蜜。

科学揭秘

　　像这样调制得到的玉米淀粉和水的混合物是一种胶体。胶体是一种物质（溶质，也叫分散质）的粒子（直径在 1～100 nm）均匀分布在另一种物质（溶剂，也叫分散剂）中得到的混合物。从科学分类上来说，牛奶虽然不属于胶体，但它却具有胶体的一些性质。有趣的是，一些胶体可以同时表现出液体和固体的特性。当你用手指去戳玉米淀粉胶体时，它会呈现出固体般的触感，但当你抬起手指，晃动碗时，它又会像液体一样流动，真是神奇。

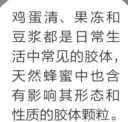 你知道吗　　云和雾可以被视为大气中的胶体，水滴或冰晶作为分散质，而空气作为分散剂。

变幻莫测的巧克力

在烹饪时，我们常常要加热食材，在加热的过程中，就伴随着物质状态的变化。在下面这个实验中，巧克力会先由固态变成液态，再变回固态。（注意在烧水时，请确保有家长的协助）

清洗叶子，用纸巾吸干叶子上的水分，然后放置在一旁。

请 1 位家长协助你将水加热。

将巧克力掰碎成小块，放入碗中。

请家长帮忙将碗放入热水锅里加热，直至巧克力熔化。

用毛刷蘸取熔化的巧克力涂抹在叶子上，并等待巧克力冷却。

待巧克力冷却后，取下叶子，你将会得到印有叶子图案的巧克力。

  你需要准备 若干片叶子、纸巾、水、1 口锅、1 个碗、1 大块巧克力、1 支干净的毛刷，你还需要 1 位家长协助

不同的物质有不同的熔点，同一种物质的凝固点和它的熔点相同。巧克力在室温下是固体，而水在室温下是液体。冬天，当室外温度低于水的凝固点时，水在从屋顶滴落的过程中会凝结成冰，慢慢就形成了坚实的冰柱。

冬天的光照强度较弱，不足以将冰柱熔化，因此它们仍然处于固体状态，悬挂在屋檐上。

科学揭秘

在室温下，巧克力能保持固态，是因为其内部分子排列紧密；随着温度升高，这些分子开始加速运动并相互分开，于是固态的巧克力就熔化成了液态；当温度下降时，液态的巧克力又会冷却凝固，重新变成固态。巧克力制造商就是利用巧克力的这种现象，将液态时的巧克力塑造成他们想要的任何形状，如巧克力条、巧克力粒、巧克力叶……

 你知道吗　巧克力是一种能在 32 ℃（略低于人体温度）左右熔化的可食用物质，这就是为什么把它含在嘴里就会熔化。

层状材料

通常情况下，层状材料比相同厚度、相同材质的单层材料更坚固。这是因为在层状材料中，不同的层次往往会沿着不同的方向交替排列，这种排列方式可以提供额外的强度和稳定性。下面这个实验可以作为一个简单的模型，帮助解释为什么层状材料通常比单层材料更坚固。

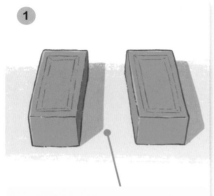

1 把2块砖放在地面上，2块砖之间的距离比雪糕棍的长度稍小一些。

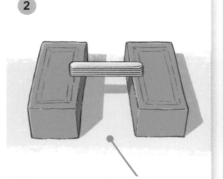

2 把5根雪糕棍堆叠起来，架在2块砖之间，形成一座"桥"。

3 请1位家长拿着锤子用力敲击雪糕棍，会发现雪糕棍会飞起来，但是不会被敲断。

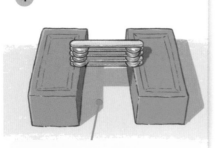

4 重新将雪糕棍叠放在一起，每叠加一层雪糕棍，就在雪糕棍的两端各放1枚硬币。

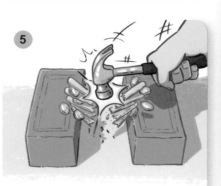

5 请家长再次用锤子敲击雪糕棍，会发现大多数的雪糕棍会被敲断。

18 **你需要准备** 2块砖、10根雪糕棍、8枚相同的硬币、1把锤子，你还需要1位家长协助

空手道中的快速踢击能够产生类似锤击的冲击力，足以将木板劈断。

堆叠的木板间通常都会加入间隔物，此外，较轻的木板的结构中还有空气作为间隔物，因此更容易在踢击或锤击下断裂。

科学揭秘

　　堆叠起来的雪糕棍的承受强度完全取决于其层次结构。第一座"桥"能够承受敲击，是因为它的五层结构形成了一个整体，在受到敲击时，它们能够相互支撑，分散冲击力。第二座"桥"容易被敲断，是因为每根雪糕棍都是单独受力的，不能相互支撑，敲断1根雪糕棍当然比敲断5根粘在一起的雪糕棍更容易。在一些空手道演示中，通常会在堆叠的木板之间加入间隔物，也是同样的道理，若是没有这些间隔物，会很难劈断木板。

你知道吗　　汽车车窗通常采用夹层玻璃，这是因为在安全性、抗冲击性、耐久性、隔音性能方面，夹层玻璃要优于普通玻璃。

第二章

力和运动

在物理学中，力和运动是两个紧密相连的概念。力是物体之间相互作用的结果，是使物体改变运动状态或形变的根本原因。当一个物体受到力的作用时，它会根据力的方向和大小产生相应的加速度，从而改变其运动的速度或方向。

力和运动：物理学的基石

在生活中，我们经常用到力，比如拎一个装满东西的购物袋，牵一条活泼的狗，或者推着割草机在花园里除草。你知道吗？水，甚至空气都可以产生强大的力，你也可以使用一些物理上的方法改变力的大小，从而改变物体的运动。

当你用力推一辆静止的自行车时，自行车开始向前移动，这是因为你给自行车施加了一个力，使其产生了向前的加速度。同样地，当你踩下自行车的脚踏板时，你施加的力经过链条传递至车轮，使车轮旋转并推动自行车前进。

力和运动是物理学的基石，在我们的日常生活中无处不在。看完这一章，我们将了解力是如何以各种各样的方式改变物体的运动状态的。

风筝的飞行速度可高达 150 千米/时。

风洞

气体可以产生强大的力量。我们可以通过风洞实验来感受气体所产生的力。在下面这个实验中，我们只需要准备 1 个吹风机和 1 只乒乓球，就可以模拟飞机在风洞中的情形，借此了解巨大的飞机是如何在空气的作用下起飞和降落的。

① 将吹风机调至冷风挡，这个实验的关键在于流动的空气，与温度无关。

② 一只手握住吹风机，并使风口朝上，另一只手拿着乒乓球，接着打开吹风机。

③ 将乒乓球慢慢地放在吹风机吹出的气流上。

④ 打开手掌，释放乒乓球。

⑤ 发现乒乓球悬浮在空中。

⑥ 倾斜或移动吹风机，看看会发生什么。

你需要准备 1 只乒乓球、1 个吹风机（使用前请征得家长的同意）

就像从吹风机中吹出的气流一样，热空气上升会产生上升气流，鹰就是利用上升气流在空中长时间滑翔，而无需频繁拍打翅膀。

宽大的翅膀可以尽可能多地捕获气流。

科学揭秘

乒乓球实验实际上是运用了伯努利原理，该原理指出，流体流速越大，压强越小。空气会在各个方向上施加压力，因此，从吹风机中吹出的气流压强小，而周围空气压强大，就像被高压力包围的低压力"隧道"。

从吹风机中吹出的流动的空气给了乒乓球一个向上的力，这个力可以与乒乓球的重力相平衡。在其他方向上，空气是静止的，空气向四面八方挤压，静止的空气给乒乓球施加的也是平衡力，所以"隧道"中的乒乓球无法"逃离"吹风机的控制。

即使你倾斜或移动吹风机，乒乓球仍然会悬浮在空中，被周围静止的空气固定在它的"隧道"里。

 你知道吗　飞机设计师通过研究鸟类的翅膀和飞行的机制，来研究和设计飞机的飞行特性。

空气的力量

空气不仅能使物体飘浮起来，当气压增大时，它们还能产生巨大的力。在我们吹气球的过程中，随着越来越多的气体被吹入气球有限的空间里，气球内的气体压力逐渐累积，如果我们继续往里吹气，那么气球就会爆炸。我们下面要做的实验就是利用了气体产生的压力。

1 将两个不同大小的杯子放在桌面上。

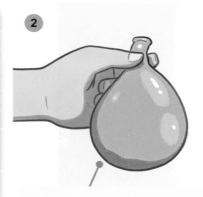

2 向一只气球中吹入一些气体（不要吹满），并捏住气球口。

3 捏紧气球，将其缓慢放入小杯子中。

4 用手托住杯子，继续向气球中吹气，直到吹不进去为止。

5 松开托住杯子的手，捏紧气球口向上提，发现杯子也被提起来了。

6 用大杯子重复上述步骤，看看会发生什么现象呢？

你需要准备　1个小杯子、1个大杯子、2只气球

　　在日常生活中，就算是最简单的动作，都需要用到力。当你拿起一个水杯时，你的手指会对水杯的把手施加压力。在这个实验中，气球中的气体会对气球内表面施加向外的力，气球又会对杯子产生压力，使气球"抓住"杯子，一起被提起来。对于第二个较大的杯子，你需要吹入更多的气体，进一步增大气球对杯子的压力，以产生足够的力来平衡杯子的重力，从而提起杯子。

施工工地上的车辆通常重达若干吨，同时还会搭载着几吨重的货物，这些都会对车轮施加力的作用。

轮胎内充盈的气体所产生的气压，使轮胎有足够的力量来支撑车辆及其搭载的货物。

你知道吗　　充气的气球在深水中会收缩，是因为水对气球施加的压力大于气球内部的气压。

内聚力和黏附力

在化学研究中，我们常常会提到吸引力，比如带正电的质子和带负电的电子之间存在吸引力，带不同种电荷的离子之间也存在吸引力。事实上，相同材料内部的分子或粒子之间也有吸引力（内聚力），甚至不同材料之间也有吸引力（黏附力）。下面的实验展示了这两种吸引力的特性。

1 将毛线打结系在空水壶的手柄上。

2 向空水壶中倒入大约三分之二体积的水。

3 把毛线完全浸湿在水中。

4 将浸湿的毛线的一端（未绑定的）放入水杯中。

5 慢慢提起水壶，保持毛线紧绷。

6 将水壶缓缓倾斜，发现水会顺着毛线流进水杯中。

你需要准备　1根1米长的毛线、2只水壶（1只空的，1只装满水）、1个水杯

黏附力使得猎物被困在蜘蛛网上，猎物实际上是被粘在了蜘蛛网的表面上。

蜘蛛可以在蜘蛛网上自由行走而不会被粘住，是因为它们脚上有一种防粘涂层。

科学揭秘

　　这个实验展示了水分子的一个重要性质——水分子能表现出内聚力和黏附力这两种特性。水分子之间能够相互吸引，同时水分子也可以被水分子以外的其他分子所吸引。黏附力使水分子粘在毛线上，内聚力使水分子相互聚集在一起。因此，当水沿着毛线流动时，它会带动更多的水一起下滑，且在流动过程中不会脱离毛线滴落下来。

 你知道吗

蜘蛛网之所以能够作为蜘蛛捕获猎物的工具，不仅因为其黏附力强，还因为蜘蛛丝的拉伸强度非常高，在截面面积相同的情况下，蜘蛛丝的强度可达到钢丝强度的五倍左右。

水的表面张力

当我们把硬币扔进许愿池，或把石头扔进湖里，硬币和石头都会下沉，但如果你仔细观察平静的水面，你会发现凤眼莲（水葫芦）、浮萍等植物可以在水面上漂浮和生长，这与水的表面张力有关。水的表面张力主要是由水分子间的内聚力引起的，使得水的表面就像是有一层薄薄的膜，能够抵抗来自外部的力（比如重力），让一些轻质或具有特殊结构的物体可以浮在水面上。我们一起通过下面这个神奇的"浮针"实验来认识水的表面张力吧！

在透明的玻璃水杯中装满水（冷水即可）。

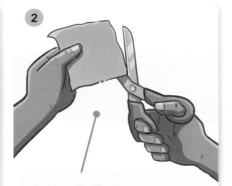

把纸片剪成正方形形状，并使纸片的边长与针的长度大致相等。

把纸片放在稳定、平静的水面上。

缓缓地把针放在纸片上。

可以看到纸片慢慢地沉入水底。

针仍然漂浮在水面上。

你需要准备 1 个透明的玻璃水杯、水、1 张纸片、1 根针、1 把剪刀

　　水由水分子组成，而水分子是由氢原子和氧原子构成的。水分子通过分子间作用力相互吸引，形成内聚力。而在水的表面，由于水分子只有一侧与其他水分子接触，它们受到不均匀的向内拉力，这使得表面的水分子之间的相互吸引力在宏观上表现为表面张力，就像在水面上形成了一层薄薄的膜。在这个实验中，水分子可以穿过多孔的纸片，当纸片吸收了足够的水后，它就会下沉；而金属针不吸水，所以它被水表面的那层"膜"托起来了。

有些昆虫，如水黾，它们利用水的表面张力在水面上行走。

昆虫脚下的水面有轻微的凹陷，但昆虫的质量很小，不足以破坏水的表面张力。

重心与平衡

物体的重心是指地球对物体中每一微小部分引力的合力作用点，它是物体所受重力的等效作用点。重心的位置取决于物体的形状、密度分布和质量分布，比如跷跷板的重心就在它的中点，但如果物体的质量分布不均匀，那么重心就不会位于物体的中心位置。重心是物体保持平衡的关键因素。下面这个实验可以帮助我们更好地理解质量分布不均匀是如何影响平衡的。

拿 1 个鞋盒的盖子，用剪刀剪掉盖子侧面的纸板。

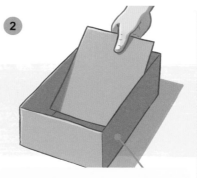

将修剪后的盖子放入鞋盒内，确认其可以贴合鞋盒底部，变成一个"假底"。确认后将盖子取出。

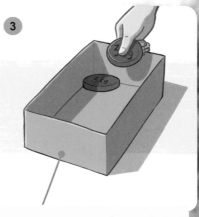

把 2 个圆形铁片放在鞋盒的一侧。

再把"假底"覆盖在铁片上，这样铁片就隐藏了起来。

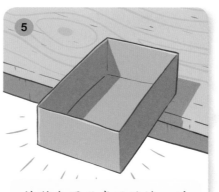

将鞋盒置于桌子边缘，并使有铁片的一侧在桌子上，另一侧悬空，可以观察到鞋盒不会掉下来。

走钢丝的人将重心始终保持在钢丝的正上方，以保持身体与钢丝之间的平衡，他就不会从一侧跌落下来。

你需要准备　1 个鞋盒、1 把剪刀、2 个圆形铁片

　　想象一下，当你在一座独木桥上行走时，你是不是会张开双臂？你可能没有意识到，你是在通过伸展双臂来不断地调整自己的重心，从而保持平衡。这个鞋盒实验之所以成功，是因为铁片比纸板具有更大的质量，当我们将鞋盒较重的一侧（装有铁片的一侧）放在桌子上时，整个鞋盒的重心也位于桌子上，所以鞋盒可以在大部分都悬空的情况下，放在桌子边缘而不会掉下来。

走钢丝的人可以通过伸展或收回手臂调整他的重心。

❓ 你知道吗　　质量中心简称质心，是质量分布的几何中心。质心和重心是两个不同的概念，质心与物体的质量分布有关，而重心与物体的质量分布和所受重力有关。在均匀重力场中，质心和重心位置相同。

浮力

物体（或人）在水中是浮起还是下沉，是由两个方向相反的力共同决定的。重力使物体在水中下沉，而浮力则会把物体向上推。不同形状的物体受到的浮力不同，这也就解释了为什么小巧的鹅卵石会沉入水底，而大型船只可以漂浮在水面上。下面让我们使用形状可随意改变的黏土来探究物体的形状是如何影响其所受到的浮力的吧！

1 将黏土分成大小相等的三块，每块大约是一个鸡蛋或者乒乓球的大小。

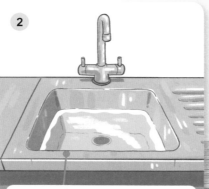

2 在厨房的水槽中放一半的冷水（或用水盆装水）。（注意水槽底部要堵住）

3 将第一块黏土揉成表面光滑的球。

4 将第二块黏土捏成长条状，使其看起来像一根木棍。

5 将第三块黏土捏成圆形小船的形状。

6 将三块黏土都放入水中，可以观察到第三块黏土会漂浮在水面上，而另外两块会沉入水底。

32 你需要准备　形状可随意改变的黏土、水槽（或水盆）、水

在这个实验中，我们可以观察到第一块和第二块黏土迅速下沉，而第三块（圆形）小船形状的黏土，会浮在水面上，这是由于它受到的浮力与重力相平衡。根据阿基米德原理，物体在水中静止时，会排开（或推开）一定体积的水，如果物体排开的水的质量大于物体本身的质量，其所受到的浮力（由被排开的水所产生）就会大于物体所受的重力，那么物体就会浮起。小船形状的黏土因为其形状能够排开更多的水，所以相比其他两种形状的黏土，它所受到的浮力更大，故而能够漂浮在水面上。

除物体的形状外，水中盐的含量是影响浮力大小的另一个因素。在盐的含量很大的水中，水的密度会增加，物体更容易浮起。

人体的密度比海水的密度小，所以人在海水中比较容易浮起来。

你知道吗

巨大而沉重的船只能够漂浮在水面上，是因为它们巨大的体积能够排开大量的水，产生较大的浮力。

摩擦力

我们每天都会接触到摩擦力，它是一种当两个物体相互接触且发生相对运动，或有相对运动趋势时产生的力，它会阻碍物体的相对运动或相对运动趋势。尽管摩擦力相对于其他力来说可能较小，在某些情况下甚至可能会被忽略，但有时它的影响却是不可忽视的。就像我们接下来要操作的实验一样，只需要依靠书页之间的摩擦力，就可以将两本书"粘"在一起。

1

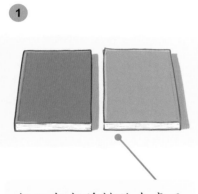

把2本书并排放在桌子上，书脊分别朝外。

2

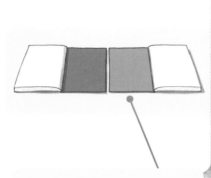

翻开2本书。

3

将2本书逐页交叠在一起。

4

继续重复，直至2本书的所有书页都交叠在一起。

5

尝试拉开这两本书，你会发现很难拉开它们。

当自行车刹车时，刹车片中的橡胶与车轮接触，产生摩擦力，使自行车减速。

你需要准备　　**2本书**

在这个实验中，书页因摩擦力而"粘"在了一起，摩擦力阻止书页之间发生滑动。尝试来回滑动书页，你可以感受到每两张书页之间都会产生较小的摩擦力。而所有书页都交叠在一起后，摩擦力积累到一定程度，两本书就会彼此"粘"在一起，难以分开。

有些山路的弯道太窄，赛车手无法快速通过，必须减速行驶以确保安全。赛车手刹车时就是利用摩擦力来减速的。

减小压强

一个穿着高跟鞋的人和一头大象同时在一条泥泞的路上行走，虽然大象的体重约是穿高跟鞋的人的 100 倍，但是高跟鞋在泥泞的路上留下的印子会更深。为什么会出现这种情况呢？这是因为压强的大小不仅与压力有关，还与接触面积有关，通过增大接触面积，压力得以被分散，从而可以减小压强。大象的脚掌与地面的接触面积大于高跟鞋与地面的接触面积，故高跟鞋留下的印子会更深。为了证明这一点，我们可以进行下面这个实验。

①
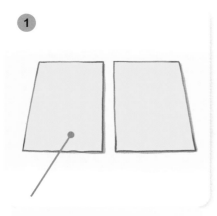
将 2 张卡纸放在桌子上。

②

用胶水将 36 个图钉粘在其中一张卡纸上，针尖朝上。

③
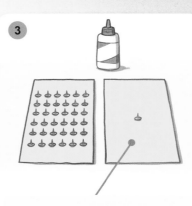
在另一张卡纸上粘 1 个图钉，针尖朝上。

④

待胶水干了之后，给 2 只气球充满气并打结。

⑤

把其中一只气球放在只有 1 个图钉的卡纸上，针尖朝向气球，气球会被扎破。

⑥
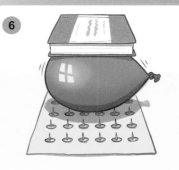
将另一只气球放在有 36 个图钉的卡纸上，并在气球上叠加 1 本书，气球不会被扎破。

你需要准备 2 张卡纸、胶水、若干个图钉、2 只气球、1 本书

科学揭秘

　　第一只气球会被扎破，是因为图钉对气球的力都集中在了图钉钉尖的一个点上，产生了比较大的压强。第二只气球不会被扎破，是因为力被分散到了36个图钉上。科学家们将压强定义为物体在单位面积上受到的压力，换句话说，当接触面积非常小时（单个图钉），这个接触面积承受了所有的力，压强就很大；当接触面积变大时（多个图钉），力会被均匀分散开来，压强就相对较小，就算施加了更大的力（在气球上叠加书），气球也不会被扎破。

骆驼的脚掌有特殊的结构，使它们能够在柔软的沙漠上走很远的路。

骆驼的脚趾间连有蹼，行走时脚掌就会展开，这可以增加骆驼的脚掌与沙子的接触面积。尽管骆驼很重，但它不会陷入沙子中。

 **你知道吗**　　敢于冒险的马戏团演员利用压强的原理，可以安全地躺在钉子床上。

37

奇妙的动量

在经典力学中，动量表示物体的质量与速度的乘积，指的是运动物体的作用效果。两个物体碰撞后，它们的总动量是守恒的。虽然总动量保持不变，但动量可以从一个物体转移到另一个物体。接下来这个简单的实验可以展示动量守恒的实际效果。

1 拿 1 个篮球或排球，抬起手臂，使球与身体保持一臂的距离，把球扔在坚硬的地面上。

2 记录球弹起的高度。

3 换成网球进行同样的操作。

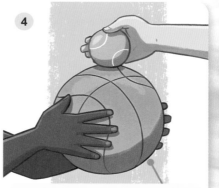

4 在朋友的帮助下将 2 个球叠放在一起，然后同时松手。

5 可以观察到网球弹起的高度比其单独弹起时的高度要高。

  你需要准备 1 个篮球或 1 个排球、1 个网球，你还需要 1 位朋友协助

这个实验向我们展示了动量守恒定律。简单来说，当两个物体碰撞时，它们的总动量保持不变。但动量可以从一个物体（篮球或排球）转移到另一个物体（网球）。因此，当 2 个球一起被放下并发生碰撞时，网球获得额外的动量，使得它弹得很高。

碰撞后的车会弹开，以保持总动量的守恒。

运行中的碰碰车也可以证实动量守恒定律。每辆车都具有一定的质量和速度，当它们相互碰撞时，由于动量守恒，碰撞后的总动量保持不变，但会相互传递动量。

你知道吗　在太空站中，宇航员可以通过抛出手中的网球去碰撞另一个在真空中飘浮的网球，来展示动量守恒定律。

角动量

做直线运动的物体具有线性动量，做旋转运动的物体具有角动量。物体到旋转轴的距离会对角动量的大小产生影响。下面这个实验可以向我们展示物体旋转半径的变化是如何影响其旋转的稳定性的。

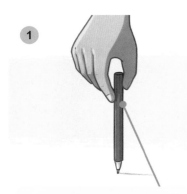

① 拿起圆珠笔，将笔尖置于光滑的平面上，比如桌面或地板。

② 转动圆珠笔，松手后，圆珠笔很快就会倒下。

当她把手臂收回来时，她开始加速旋转，并能够跃入空中。

③ 在笔尖上方粘上黏土，使黏土的直径与大拇指的宽度差不多。

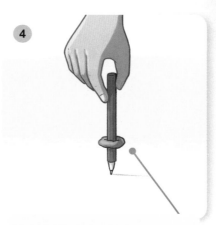

④ 再次转动圆珠笔。

⑤ 松手后，圆珠笔能够保持旋转。

  **你需要准备** 1 支圆珠笔、黏土

科学揭秘

根据角动量守恒定律，当物体的旋转半径变大时，其旋转速度会变小，但稳定性会变好。这就解释了为什么有黏土（半径较大）的圆珠笔在松手后能够保持旋转。角动量守恒定律还能解释为什么花样滑冰运动员的手臂靠近身体时会旋转得更快。

要在花样滑冰时进行快速的旋转，运动员必须经过艰苦的训练并且具备高度的专注力，以确保她的身体一直处在精确的旋转位置上。

就像圆珠笔以笔尖为支点旋转一样，在旋转时，花样滑冰运动员的重心都集中在冰鞋的尖端。

 **你知道吗**

车辆行驶时，宽轮子比窄轮子更稳定，原因也与角动量有关。更宽的轮子具有更大的质量分布范围，它们的角动量更难以改变，稳定性会更好。

41

时间对动量的影响

当物体与其他物体发生碰撞时，它的动量会发生变化，而这个变化量的大小与碰撞所持续的时间有关。当动量变化量一定时，较长的碰撞时间会使物体受到的作用力变小，就像安全气囊在碰撞中通过减缓乘车人员向前移动来保护他们一样。在下面的实验中，由于可弯曲的布与鸡蛋的接触时间较长，鸡蛋受到的作用力较小，所以不会被打碎。但安全起见，最好在室外进行这个实验。

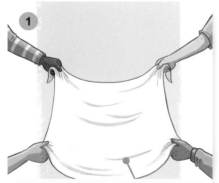

找 3 个小伙伴，帮你一起扯住桌布的 4 个角，不要拉太紧，使其形成 1 个弧形。

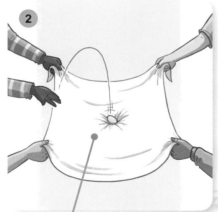

将 1 个鸡蛋直接扔到布的中间。

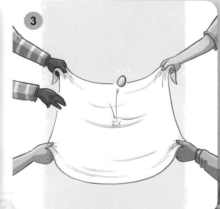

可以观察到鸡蛋撞到布上不会碎。

科学揭秘

根据动量定理，当动量变化量一定时，作用时间越短，物体受到的作用力越大。如果你将鸡蛋扔向墙壁，由于碰撞时间极短，鸡蛋会在瞬间受到极大的力，导致其破裂。而在这个实验中，柔软的布会发生形变，鸡蛋与布的接触时间较长，鸡蛋受到的作用力较小，因此鸡蛋就不会被打碎。

你需要准备 1 条旧床单或 1 块桌布、1 个鸡蛋，你还需要 3 个小伙伴协助

就像把鸡蛋扔到桌布上一样，当人落到毯子上时，人也会受到保护。因为柔软的毯子会发生形变，使得人与毯子的接触时间变长，人受到的作用力变小，从而确保人安全落地。

毯子抛掷是因纽特人和阿拉斯加州的原住民的传统活动。

你知道吗

网球中的扣球以及足球中拦截传球的技巧都是通过改变球拍或脚与球接触的时间来影响动量，同时结合力量和角度的调控以达到最佳效果。

第三章

光和声

我们可以通过视觉和听觉这两种感官来感知和认识世界。光和声都以波的形式在空间中传播，通过对这两种波的深入认识，我们可以了解到光和声背后的一些秘密，从而应用这些知识来改善生活、推动科学技术的发展。本章有很多关于光和声的有趣实验。

解密光和声

科学家能够测量波长和波的频率（波在单位时间内完成周期性变化的次数），我们看到的五彩斑斓的颜色，以及听到的千变万化的声音，都与波长和频率有关。

当光或声在传播的过程中碰到某种特定材料时，它们的传播路径会发生变化。这种路径的变化可能会导致光和声在一个相对较小的区域内聚集，使它们的能量增强。我们所感知到的声音和光线会因其传播路径的改变而受到影响，尤其是当光源或声源相对于我们的位置发生改变时，比如它们是朝向我们移动还是远离我们，这种现象尤为显著。这种变化可能导致声音和光线发生扭曲和聚焦，从而可能会让人感到困惑，并对自己的感官感知能力产生怀疑。通过本章的实验，我们可以更深入地了解光和声的特性，加深我们对周围世界的认识和理解。

你知道吗 光的传播速度远远快于声音的传播速度，快了大约 880 000 倍，这就是为什么我们在听到雷声之前会先看到闪电。

音乐之声

我们在聆听喜爱的歌曲或旋律时，实际上也在感受科学的魅力。让我们通过下面这个家庭实验，制作一个简易乐器，并用它发出声音，来感受科学与音乐之间的联系吧！

① 将橡皮筋套在硬皮书上。

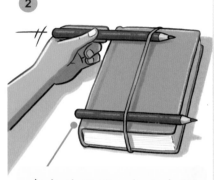

② 在书的两端，把2支铅笔插进橡皮筋和书之间。

就像乐器上的弦一样，我们可以通过喉部声带的振动，发出不同的声音。

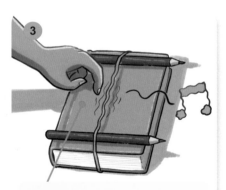

③ 拨动橡皮筋，听听会发出怎样的声音呢？

④ 按住橡皮筋中间的位置。

⑤ 再次拨动橡皮筋，听听发出的声音会改变吗？

你需要准备　1本硬皮书、1根橡皮筋、2支铅笔

麦克风可以放大歌手的声音，让声音听起来更响亮，但并不会改变她的音调。

科学揭秘

在这个实验中，橡皮筋会像吉他的琴弦一样振动。当你将橡皮筋的长度缩短一半（第 4 步），再次拨动橡皮筋时，发出的声音的音调更高。事实上，这是一个高八度音。如果你在第 3 步中听到的是"Do"的音，那么在第 5 步中听到的就是一个更高的"Do"。当橡皮筋的长度变为原来的一半时，声波振动的频率会变为原来的两倍。

？你知道吗 竖琴的琴弦的长度不同，因此每根弦会发出不同的音调。

光的反射

我们可以看到镜子中的自己，就是由于光的反射。可见光（我们的眼睛可以看到的光）的颜色有红色、橙色、黄色、绿色、蓝色、靛蓝色和紫色。当这些不同颜色的可见光混合在一起时，就形成了白光。有时，物体只会反射出其中一种颜色的光，从而呈现出这种颜色。我们可以通过下面这个简单的实验来验证光的这种性质。

找一间较暗的房间，不一定是漆黑一片的，但请关灯并拉上窗帘。

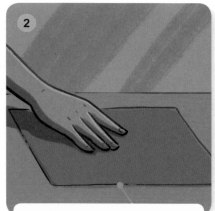

把 1 张红色卡纸放在桌子上。

站在离桌子稍远的地方，打开手电筒，让手电筒的光照射在卡纸上。

让你的朋友拿着白纸，将其垂直放置在桌子上的红色卡纸的前方。

光线反射到白纸上，可以看到白纸变成红色。

  你需要准备 1 张红色卡纸、1 个手电筒、1 张白纸，你还需要 1 位朋友协助

就像我们看到卡纸呈红色一样，当太阳光照射到树叶上时，绿光被反射到我们的眼睛中，所以我们看到的树叶是绿色的。

平静的水面就像是一面镜子，能反射出陆地上景观的每一种颜色。

科学揭秘

我们看到的物体的颜色，是由它反射的光的颜色决定的。例如，当我们看到一个红色的苹果时，实际上是因为苹果吸收了白光中的其他颜色，只有红光被反射了出来，因此我们只能看到苹果表面反射出的红色光线。在这个实验中，当光线照射到红色卡纸上时，它吸收了其他颜色的光，只反射红光，所以会看到白纸变成红色。

你知道吗　在纸上反着写字，如"Ǝ"，把纸放在镜子前，镜子里会显示出正着的字，得到"E"。

声音的聚焦

当声波在传播过程中遇到障碍物时，其强度会发生改变。如果声波以相同的频率被反射回来，那么它们会叠加在一起，声音会变大。更有趣的是，当声波在曲面上发生反射现象时，可以产生声音的聚焦效应，这一效应可以使声音在特定区域得到增强，从而使声音更加集中和清晰。通过下面这个实验，你可以亲身体验这种声音的聚焦效应。

将 2 把伞分开放置，相距约 6 米，并使它们的把手相对。

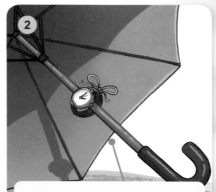

将手表系在距离其中一把伞的把手底部约 40 厘米的位置上。

躺在另一把伞的旁边，把你的耳朵靠在距离把手底部约 40 厘米的位置。

你应该能清楚地听到手表的嘀嗒声。

你需要准备　2 把伞、1 个机械手表、1 根绳子，你还需要 1 位朋友协助

嘀嗒作响的手表以稳定的频率发出声波。几乎每种材料都有其特定的固有频率。由于手表的嘀嗒频率与伞的固有频率接近，因此会发生共振现象，声音会被放大（增强）。

在这个实验中，由于共振，手表的嘀嗒声在伞的内部被放大了，此外，由于伞面弯曲的形状，这个放大的声音进一步被聚焦了，并传播到另一把伞上。

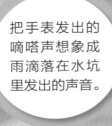

把手表发出的嘀嗒声想象成雨滴落在水坑里发出的声音。

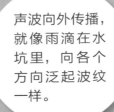

声波向外传播，就像雨滴在水坑里，向各个方向泛起波纹一样。

你知道吗 可以通过产生频率与玻璃的固有频率相匹配的振动，引发共振，共振会使振幅逐渐增大，最终导致玻璃破裂。

声音的振动频率

声音是由物体振动产生的，而振动的频率，决定了我们听到的声音的音调。通过下面这个实验，你将感受到振动与声音之间的联系，实验中气球表面的振动就像吉他弦的振动一样，会发出声音。

1 将螺母（螺帽）放到气球里，摇晃气球使螺母掉落到气球底部。

2 给气球吹气，并打结。

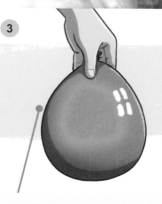

3 用手掌握住气球，手掌覆盖在气球打了结的一端上。

4 像搅拌液体那样晃动气球。

5 很快气球会发出"嗡嗡"声。

6 晃动得越快，发出的声音的音调就越高。

 你需要准备 　1只气球、1个六角螺母

我们可以听到气球发出的"嗡嗡"声，但也有些声音我们听不到，比如蝙蝠发出的高频率的声波，它超出了人类的听觉范围。

蝙蝠能够发出高频率的声波，这些声波在遇到物体后会产生回声。通过分析这些回声，蝙蝠能够准确判断自己与物体之间的距离。

科学揭秘

　　在这个实验中，有两个因素起着重要作用。一方面，六角螺母的每个角在旋转时都在反复撞击气球内部，每次撞击都会产生振动，随着螺母旋转得越来越快，这些振动就产生了"嗡嗡"声。另一方面，随着晃动气球的速度变快，螺母的"弹跳"频率（每秒反弹次数）会变高，从而使声音的音调变高。

你知道吗 潜艇的声呐系统就是利用回声定位的原理来探测目标位置的。

53

多普勒效应

当汽车从你身边呼啸而过时，你可能会注意到一个有趣的现象：汽车发出的声音明明没有变化，但当它向你驶来时，你会听到声音变得越来越尖锐；当它远离你时，你会听到声音变得越来越低沉。这种现象正是多普勒效应的一个典型例子：当声源远离观察者时，波长变长，频率变低，音调就会变低；当声源靠近观察者时，波长变短，频率变高，音调就会变高。这是由于声源与观察者之间的相对运动使声波被压缩或被拉长。通过下面这个有趣的实验，你可以向你的朋友展示多普勒效应的奇妙之处。

1 将漏斗和橡胶软管的一端连接在一起，确认它们贴合紧密。

2 在接口处涂抹一些黏土以固定漏斗。

3 将哨子放在嘴边，准备吹响。

4 用漏斗覆盖住哨子，并将漏斗紧贴嘴巴。

5 吹哨子的同时甩动软管。

6 你的朋友会听到发出的声音在不断变化。

54　**你需要准备**　1 个漏斗、1 根 2 米长的橡胶软管、黏土、1 个哨子，你还需要 1 位朋友协助

当你在吹哨子的同时甩动软管时，你的朋友会听到音调不断地变化着，这就是多普勒效应。声波从声源处扩散出去，就像水坑中的波纹从中心向外扩散一样。当软管靠近你时，波纹向内收缩，波长变短，因此声音的频率变高，音调也变高。当软管远离你时，波纹向外伸展，波长变长，频率变低，音调也变低。

赛车比赛中，观众在汽车飞驰而过时会听到其发出的声音的音调的变化，这是一个典型的多普勒效应。

你知道吗

多普勒效应也适用于光波。当光源远离我们时，光源发出的光的波长会变长，光会变得更红，这种现象称为红移。天体物理学家就是利用这一现象来测量恒星的运动速度的。

55

光的折射

光在均匀介质中通常会沿着直线传播，除非遇到改变其路径的物体。遇到这种情况，光可能会从物体表面反射回去，形成反射光；或穿过这个物体，此时，光的传播方向会发生变化，这种现象叫作光的折射，此时可能会发生一些奇妙的效应。下面这个实验需要我们在一间昏暗的房间中进行，来展示光线"会拐弯"的特性。

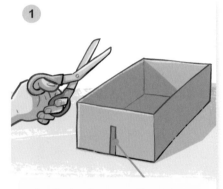

1

在鞋盒的侧面剪 1 个大约宽 0.5 厘米、长 5 厘米的缝隙。

2

将瓶子装满水，并拧上盖子。

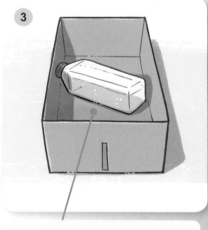

3

将瓶子侧放在鞋盒内。

4

拉上窗帘并关闭灯光，使房间变暗。

5

用手电筒照向缝隙。

6

看看光是如何被折射的。

你需要准备　1 个鞋盒、1 把剪刀、1 个有平整侧面的透明瓶子、水、1 个手电筒

科学揭秘

这个实验证明了光在传播过程中可以发生弯曲（或折射）。折射是否会发生，以及折射的程度取决于光穿过的介质。这个实验展示了光束穿过瓶子里的水时是如何被折射的。通过保持房间黑暗，并将手电筒发出的光正好从缝隙中照进鞋盒内部，我们就能清晰地观察到光的传播路径。

因为水是透明的，且能够使光线发生折射，所以瓶子里的水就像一个棱镜。

棱镜可以将白光分解成各种颜色的光，这类似于我们在彩虹中看到的颜色分布。

你知道吗   折射会使放在装有水的玻璃杯里的勺子看起来好像"折断"了一样。

57

敏锐的听觉

在逐渐远离声源的过程中，声音会逐渐变弱，这就解释了为什么当我们看到山谷对面有人朝我们挥手时，却无法听到他们在说什么，即使他们可能正在大声呼喊。我们的大脑能够巧妙地判断我们与声源的距离，但为了获得准确的距离，我们需要同时使用两只耳朵。我们可以通过这个有趣的实验来测试距离和听到的声音之间的关系：站在距离朋友或家人 5 米、15 米、30 米和 35 米处，发出同样大小的声音，让他猜测你站在哪个位置。这个实验将有助于我们更好地理解声音传播的特性和听觉感知能力。

1 找一个空旷的、没有太多背景噪声的地方，比如公园。

2 确定一个听众站立的点，再在远处找几个位置，并标出这些位置到听众站立的点的距离。

3 让你的 1 位朋友或家人作为听众，戴上眼罩并捂住一只耳朵。

4 用比较大的力气"啪"地合上一本硬皮书，然后让听众猜测你站在哪个位置。

5 在几个标记的位置处分别进行测试，让另一位朋友或家人记录听众的描述。

6 让听众用两只耳朵听，重复第 4 步和第 5 步。

  **你需要准备** 1 把长卷尺、1 支粉笔或 1 卷胶带、1 副眼罩、1 本硬皮书，你还需要 2 位朋友或家人协助

猫头鹰的"凹脸"脸形类似于一个卫星，能够引导声音集中到其两侧的耳朵中。

猫头鹰拥有非常灵敏的听觉。当猫头鹰听到声音时，它会灵活地转动头部，以便精准定位声音的源头。

科学揭秘

　　当我们听到合上硬皮书的声音时，我们的大脑犹如一台精密运作的计算机，它能够迅速分析出声音到达我们两只耳朵的时间差以及声音在传播过程中的衰减程度。通过比较两只耳朵接收到的声音的微小时间差和声音响度的差异，大脑能够准确判断出人与声源的距离。通过这个实验可以知道，捂住一只耳朵听声音时，判断声源的距离和方向的能力会降低，而当两只耳朵同时听声音时，可以更准确地定位声源。

 你知道吗　　猫头鹰的一只耳朵的位置略高于另一只，这使得它不但能辨别声音的远近，而且可以判断声音源头的垂直高度。

光的魔术

在前面的实验中，我们已经观察到光在穿过一些物体时，会因为发生折射现象而改变传播方向。在下面这个实验中，我们甚至可以看到光发生了"弯曲"。观察时，请注意看流动的水中的光，并想一想可以怎么解释这种现象。

1 找来家长帮忙，准备好实验器材，确保熄灭灯后房间是昏暗的。

2 请家长在瓶子上戳 1 个直径约 2 毫米的小孔。

3 用手指堵住小孔，然后将瓶子装满水。

4 把瓶子放在台面的边缘，让小孔（仍然被堵住）朝向外侧。

5 熄灭灯，让家长在另一侧用手电筒照射瓶子。

6 移开手指，水会从小孔流出，观察到光是顺着水流的弯曲路径传播的。

60 你需要准备 1 个塑料水瓶、1 把剪刀、水、1 个塑料容器（接住流出的水）、1 个手电筒，你还需要 1 位家长协助

　　光是沿直线传播的。但在这个实验中，我们观察到了一个令人困惑的现象。实际上这是因为光在水流内部不停地发生反射，就像在镜像隧道中一样，因此看起来就像光会沿着水流的路径发生"弯曲"一样。

折射效应在炎热的沙漠地区尤为常见，这是因为热空气层中存在密度差异，光在经过这些气体层时会发生折射现象，从而产生视觉上的幻象，这种现象通常被称为海市蜃楼。

就像从瓶子中流出的水一样，折射率的变化也会导致光线发生偏折，产生所谓的"光的魔术"。

你知道吗　　光纤核心内部的全内反射使得光纤电缆实现了信号的高速传输和远距离传输。

神奇的透镜

光从一种介质进入另一种介质时，其行进方向会发生改变，这是光学中非常重要的折射现象。当光线从空气进入如透镜这样的透明材料时，折射效应会使光线发生弯曲，并在透镜的焦点处聚焦。这种特性在光学和光学仪器的应用中发挥着关键作用，使得透镜等光学器件可以有效控制和聚焦光线。下面这个实验就展示了当光线从空气进入透镜后会发生的变化。

1 将瓶子注满水，并放在桌子上。

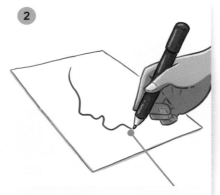

2 在硬卡片上画一个脸的侧面轮廓。

3 请朋友说一说卡片上的侧脸是朝向左面的还是右面的。

4 现在将卡片放到瓶子后面。

5 透过瓶子观察脸的朝向。

你需要准备 1 个透明瓶子、水、1 张硬卡片、1 支笔，你还需要朋友协助

　　光穿过不同介质，比如实验中的水瓶时，会发生折射现象。实验中的水瓶类似于一个透镜，在光穿过瓶子的弯曲部分时，由于介质的折射率不同，光线会向中心聚焦，然后分散开来，这种聚散导致光线交叉并最终使图像翻转。光进入不同的介质中会发生折射，这是由于光在不同介质中的传播速度不同，在这个实验中，光进入水瓶后，速度会减慢，大约是真空中光速的75%，大约为225 000千米/秒，所以光线的传播方向会发生变化，由此导致了折射现象的发生。

与实验中的水瓶一样，叶子上闪烁的露珠就像微型透镜，通过对光的折射影响着我们看到的图像。

露珠像透镜一样，可以让远处的花朵在其表面形成倒立的像。

你知道吗 当光线经过眼睛的晶状体时，它们被折射并在视网膜上形成倒立的图像，大脑随后将这些图像信息进行处理并"翻转"，让我们感知到一个正立的视觉世界。

强大的光

大多数能量都是以波的形式传播的，比如光波和声波。通过透镜，可以使光波聚焦在一起并变得更加集中。我们都知道放大镜能使物体看起来更大，通过下面这个实验，我们还将看到放大镜对光的会聚作用。需要注意的是，我们需要选择一个阳光明媚的天气来进行实验。

这个实验依赖太阳光，所以需要在晴天进行。

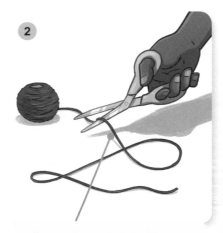

剪一段大约20厘米长的毛线（或绳子）。

将毛线的一端系在1个螺母上，另一端系在软木塞上。

把软木塞放置在瓶口，使螺母悬挂在瓶内。

你能在不触碰瓶子的情况下把毛线剪断吗？

使用放大镜可以会聚太阳光，烧断毛线。

你需要准备　毛线（或绳子）、1把剪刀、1个软木塞、1个小号螺母、1个玻璃瓶、1个放大镜

激光是一种能够产生高度集中光线的特殊光源，它可以被聚焦到非常小的点上，从而在该点聚集非常高的能量。

工业激光器具有足够的功率和精度，能够在硬金属上"烧"出字母。

科学揭秘

太阳发出的能量以光的形式辐射到地球，包括可见光和不可见光（如紫外线和红外线），其中我们感知为热量的部分主要是红外线。当我们用放大镜聚焦太阳光时，透镜将光和热量集中到一个很小的区域，该区域会变得更明亮，也会聚集更多的热量，当聚焦的光和热量足够集中时，就可以烧断毛线。

你知道吗 医生运用医疗激光技术能够进行精密的手术，这些手术用传统方法进行的话很难完成，而且风险很高。

热和冷

所有物质的状态都会受到温度变化的影响，这在微观或宏观层面上都有体现。温度的变化对地球也有着广泛而深远的影响。举例来说，极地冰川的面积的扩大或减小都会对地球的生态系统和气候产生重大影响，这些变化主要是由大气温度变化引起的，而温度变化又影响着微观层面上水分子的运动，从而决定了冰川的形成或熔化。此外，降水、太阳辐射和海洋环流等其他因素也在这一过程中发挥着作用。

热能和温度变化

热能是由液体、固体或气体的内部微观粒子（原子、离子和分子等）的运动产生的。由于物质间的温度差异，能量可以从一种物质流向另一种物质，因此，科学家通常将加热描述为热量的传递过程。

热量是热传递过程中的一种能量形式，它可以从一个物体传递到另一个物体。就以用烤箱烤蛋糕为例，烤箱在加热时会把热量传递给模具里的面团，面团会吸收热量，逐渐变成一块蛋糕。当我们在冬天打开窗户时，热量就会"跑到"室外，导致室内变冷。

热能的缺失会造成物质温度下降，所以当我们认为某样东西变冷时，实际上是它放出了热量。热量的传递在生活中无处不在，从天气的变化到工厂能源的供应，再到冰激凌的熔化，都与热量的传递密不可分。

你知道吗

2018 年，俄罗斯科学家发现了一只被冰封了 1.8 万年的犬科动物，令人惊讶的是，它的胡须、牙齿、鼻子仍然完好无损。人们无法确定它究竟是狗还是狼，故将其命名为"Dogor"，这个词语在当地语言中的意思是"朋友"。

璀璨的晶体

自然界中的水晶具有独特的光学特性，在阳光下可以闪烁出多彩的光芒。这些美丽且昂贵的水晶实际上是由原子或分子按照复杂的结构排列形成的晶体。制备晶体通常涉及加热和冷却的过程，这个过程可以使灼热的岩浆冷却，变成岩石，也可以使溶液中的液体蒸发，析出固体。接下来，我们就一起在厨房里进行一个神奇的化学实验，看看能不能得到晶体吧！

1 在锅中加入 400 克糖和 250 毫升水。

2 请你和家长一起完成加热的操作，在加热过程中需要不断搅拌，直到糖被完全溶解。

3 请家长将糖水倒入玻璃杯中并让其冷却。

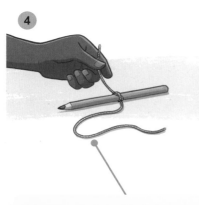

4 将绳子系在铅笔的中间。

5 将铅笔横着放在玻璃杯口，使绳子悬在糖水里。

6 几天后，你就能看到析出的晶体。

你需要准备 400 克糖、250 毫升水、电子秤、量杯、1 口锅、1 个玻璃杯、1 根约 15 厘米长的绳子、1 支铅笔，你还需要 1 位家长协助

就像你得到的糖的晶体一样，岩石的晶体也是在温度剧烈变化的环境下形成的。

晶体拥有美丽的结构，尽管晶体的纹理并非直接展示其被加热和冷却的过程，但它们却如同被时间定格的画卷，诉说着晶体生长的奥秘。

科学揭秘

将糖加入热水中时，热水的温度高，可以提高糖的溶解度，因此更多的糖可以溶解在水中。随着糖水的冷却，温度降低导致糖的溶解度降低，糖会从糖水中析出，这时，析出的糖会聚集并附着在绳子上，形成糖的结晶。

? 你知道吗 雪花就是由云层中的水蒸气直接凝华而成的冰晶。

水雾的形成

水有三种状态：液态、固态和气态，在一定条件下这三种状态是可以相互转化的。通常来说，水的状态变化主要是由热量的传递引起的，但压力有时也会对水的状态产生影响。凝固（放出热量，水变成冰）与熔化（吸收热量，冰变成水）是水的固态和液态之间的变化，而液化（放出热量，水蒸气变成水）和汽化（吸收热量，水变成水蒸气）则是水的气态和液态之间的变化。你可以在一个温度较低，但在阳光充足的日子里尝试下面这个实验。

1 准备 3 个一样的玻璃杯，在每个杯子中放入 4 块大小一样的冰块。

2 将其中一个杯子放在室内有阳光照射的窗台上，另一个杯子放在窗台的阴影处。

3 将第三个杯子放在同一扇窗户外面的窗台上。

4 将这三个杯子都静置约 30 分钟。

5 观察每个杯子上方的玻璃窗上有什么变化。

你需要准备 3 个一样的玻璃杯、12 块大小一样的冰块、计时器

水在空气中以水蒸气的形式存在，热空气比冷空气中的含水量更高。当室内外温差较大时，室外的空气很冷，所以放在室外窗台上的冰块几乎不会熔化，且上方玻璃窗上凝结的水蒸气较少。而在室内，阳光照射下的玻璃杯中的冰块会逐渐熔化，一部分熔化成的水吸收热量，汽化为水蒸气，当这些水蒸气接触到冷的窗户玻璃时，就会凝结成小水滴，在玻璃窗上形成水雾。放在室内窗台阴影处的玻璃杯受到阳光的照射较少，因此凝结的水蒸气也相对较少。

当室内外温差较大时，窗户上（内侧玻璃）往往会凝结起雾气，形成薄薄的水膜，我们就可以在窗户上画画或写字。

当小水滴在云层中聚集在一起时，它们会形成更大的水滴，当这些水滴变得足够大，它们就会因重力作用开始下落，从而形成降雨。

你知道吗　　在太空环境中，宇航员的汗水和呼出的气体中的水蒸气，经过收集、过滤、净化和处理后，最终可以被转化成可安全饮用的水。

温度"错觉"

我们的皮肤和一些内脏器官上的感受器或神经末梢可以检测温度的变化，它们就像特殊的"警报器"。其中一些感受器一旦感知到热量，就会迅速向大脑发出信号，促使我们采取行动，比如，被热水壶烫到时我们会迅速抽回手。而另一些感受器则帮助我们监测外部环境的温度变化，以便身体进行相应的自我调节。这些感受器就像我们身体的保护伞，帮助我们维持安全和舒适的生理状态。

在第一个盆里装入适量的热水，调节其温度至适宜进行舒适的热水浴。

在第二个盆中装入适量的冷水。

在第三个盆中装入适量的温水，使其温度介于前两个盆中的水的温度之间。

把一只脚放在装有热水的盆中，另一只脚放在装有冷水的盆中。

然后将两只脚都放入第三个盆中，你会感受到什么？

一些冬泳爱好者会在寒冷的冬天跳进冰水中游泳。

  你需要准备　3个大小一样的盆 、热水、冷水、温水

当你的脚放在温水中时，刚泡过热水的脚会感到冷，而刚泡过冷水的脚会感到温暖。这是因为每只脚上的神经已经适应了前一个温度，就像你进入游泳池后会适应池水的温度一样，每只脚上的热感受器（检测温度变化的神经末梢）会向大脑发送信号，告诉大脑前一个盆中的温度是"正常的"。因此，在两只脚分别泡过热水和冷水之后，当将它们同时放入温水中时，两只脚的感受会不一样。

在冬季的寒冷空气中适应了一段时间后，这些冬泳爱好者可能会发现，尽管水给人的感觉十分冰冷，但实际上其温度并不一定低于空气的温度。

一些来自斯堪的纳维亚半岛和俄罗斯地区的游泳爱好者相信，在极寒的水中游泳对身体有益。

热量的吸收

热量可以从一个物质传递到另一个物质。不同物质吸收热量的方式不同，单位质量的不同物质所能吸收的热量也不同。举例来说，单位质量的土地吸收的热量较少，单位质量的水吸收的热量较多，所以在夏天来临时，吸收热量后，土地的温度会迅速上升，而水的温度变化则较小。我们可以通过下面的实验来探究不同物质吸收热量的能力的差异。

吹起第一只气球并将其系好。

将第二只气球装满水并系好。

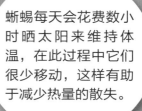

蜥蜴每天会花费数小时晒太阳来维持体温，在此过程中它们很少移动，这样有助于减少热量的散失。

在水槽底部放 1 支燃烧的蜡烛。

啪

将第一只气球靠近火焰，片刻后发现它爆炸了。（注意安全，可让家长协助）

将装满水的气球靠近火焰（注意防止烫伤），你会发现无论它离火焰多近，在一定时间内气球都不会爆炸。

你需要准备　2 只气球、水、1 支蜡烛

蜡烛燃烧产生的热量会使气球的温度迅速升高，导致第一只气球很快就爆炸了。第二只气球内的水能够吸收传递给气球的热量，使气球的温度维持在其会发生爆炸的温度以下。但火焰的强度、持续的时间、气球的材质以及环境条件等因素都可能影响实验结果，因此，仍需小心操作以防意外。

在进行实验时，请将气球的底部靠近蜡烛火焰的外焰，这会提高你成功完成实验的可能性哦。

爬行动物通过在阳光下晒太阳来维持体温，而哺乳动物可以自己调节体温。

你知道吗　像蜥蜴这样需要靠吸收太阳热量来维持体温的动物被称为变温动物（俗称冷血动物），它们的体温会受到外界环境的影响。

会飞的气球

气体被加热后会有怎样的变化呢？当物质受热时，其内部的微粒的运动会变得活跃，它们会占据更大的空间。如果相同数量的微粒占据了更大的空间，那么气体的密度就会变小（密度是指单位体积内物质的质量）。密度较小的液体（或气体）通常会浮在密度较大的液体（或气体）之上，这就是暖空气会上升的原因。所以，我们只需要1间带天花板的房间、1台冰箱、2根长绳和2只氦气球，就可以进行下面这个有趣的实验了！

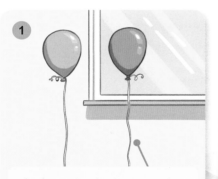

1

在每只气球的下面系1根长绳，这样之后你就可以将它们从天花板上拉下来。

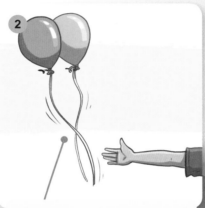

2

松开气球，观察它们上升的高度。

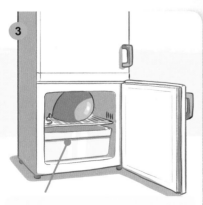

3

将其中一只气球放入冰箱中，静置30分钟。

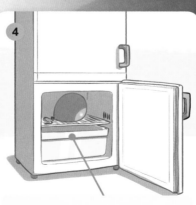

4

取出时观察其大小的变化。

5

然后同时释放这两只气球，观察它们各自上升的高度。

你需要准备 　2只氦气球、2根长绳、1台冰箱

与氦气球不同，热气球内只是普通的空气，其需要受热才能上升。

当加热热气球内部的空气时，热空气变得比周围的冷空气更轻，密度更小，热气球受到的浮力大于其重力，从而被推向空中。这种原理使得热气球能够在空中飘浮并不断上升。

科学揭秘

温度升高会让物质内的微粒变得活跃，而温度降低会让微粒的运动速度变慢。在常温下，氦气的密度比外部空气的密度小，所以氦气球可以飘浮在空气中。将氦气球放入冰箱后，温度降低，氦气球中的氦气分子运动速度变慢，占据的空间也减小，氦气球的体积会略微缩小，所以从冰箱里拿出后，氦气的密度变大了，因此放入冰箱的氦气球上升的高度也就没之前高了。

凝固点

凝固点是晶体物质从液态转变为固态时的温度。在日常生活中，我们知道在 0 ℃时水会变成冰（固态），在 100 ℃时水会变成水蒸气（气态），其中 0 ℃即水的凝固点。然而，当我们向水中加入某种物质时，可能会影响这些状态发生变化时的温度，下面这个实验可以让我们体会到这种影响。

1

把 1 块冰块放在盘子中，并准备 1 根绳子。

2

像图中那样将绳子放在冰块上。

3

在冰块上撒些盐，尤其要在绳子周围多撒一些。

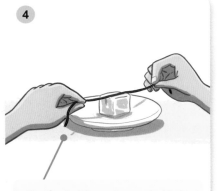

4

静待片刻，小心地拉住绳子的两端。

5

轻轻提起绳子，发现冰块也被一起提起来了。

除雪车把冰雪推到一边，清理路面，为撒盐做准备。

你需要准备 　1 块冰块、1 个盘子、1 根绳子、盐

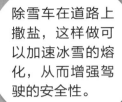

除雪车在道路上撒盐，这样做可以加速冰雪的熔化，从而增强驾驶的安全性。

科学揭秘

　　盐可以降低水的凝固点，使冰块在较低的温度下可以熔化。当你在冰块上撒盐时，盐会使一些冰熔化，在冰熔化的过程中，又要吸收大量的热，使周围的温度下降，熔化成的水会再次凝固，并把绳子一起冻结起来。这时你提起绳子，就可以把冰块一起提起来了。

 你知道吗　在冬天，过度撒盐可能会对道路旁的植物造成损害。在美国，一些路标上会提醒除雪车减少盐的使用量。

粒子的运动

在下面这个实验中，我们将利用食用色素来展示粒子在不同温度的液体中的运动状态。我们可以在实验前先提出假设和猜想，再用实验去验证。根据你目前所学的有关热的知识，你认为实验结果会是怎样的呢？通过观察粒子的运动情况，将你的假设与实验结果比较一下吧。

① 在第一个玻璃罐中装满冷水，并放入冰箱中静置1个小时。

② 取出第一个玻璃罐后，在第二个玻璃罐中注满热水。

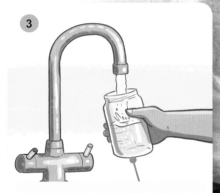

③ 在第三个玻璃罐里装入一半热水、一半冷水，混合起来，使水的温度介于前面两个玻璃罐中的水的温度之间。

④ 向每个玻璃罐中加入3滴食用色素。

⑤ 每隔15秒看一下玻璃罐中色素的扩散情况，持续观察5分钟。

80 🎈 **你需要准备** 3个一样的玻璃罐、热水、冷水、食用色素、1把勺子

在山间，两条携带着不同矿物质的河流相遇，它们的颜色反映了水中的矿物质的颜色。

就像在实验中观察到的冷水中的色素的扩散情况一样，这些河流中的水温度较低，因此在水流相对平缓时，河流的颜色不会很快混合在一起。

科学揭秘

　　温度升高会使物质中的粒子运动速度加快。在这个实验中，活跃的水分子就像无数个小勺子，不断促进食用色素与水的混合。在装有冷水的玻璃罐中，水分子运动的速度较慢，因此食用色素与水混合的速度也比较慢。相对地，热水中的水分子运动的速度较快，因此在装有热水的玻璃罐中，食用色素可以迅速与水混合。装有温水的玻璃罐中的现象则介于两者之间。

你知道吗　　如果果汁（或血液）的样本在理想条件下被迅速冰封起来，那么理论上可以长期保持其成分的稳定。

81

热空气动力

气体在高温下膨胀可以产生很大的力，这种力量能为飞机或汽车的运行提供动力。以汽车为例，内燃机利用火花塞引发爆炸，使汽油迅速燃烧并膨胀成热气体，这种快速膨胀的气体会推动活塞做往复运动，进而驱动引擎。下面这个实验展示了气体膨胀所产生的效果，在进行这个实验时，要注意需要有成年人的协助，特别是在使用尖锐工具时，需确保安全。

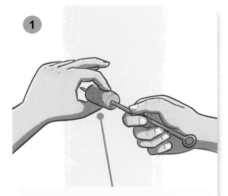

1 请家长用钢针纵向穿过软木塞，然后取出钢针。

2 将吸管插入软木塞底部。

3 用一些黏土固定吸管。

4 估测一下吸管伸入玻璃瓶后的高度。

5 向玻璃瓶中加水，水位要高于吸管底部4～5厘米。

6 将软木塞塞紧玻璃瓶的瓶口，让吸管底部浸入水中。

 你需要准备 1根钢针、1个软木塞、1块黏土、1个玻璃瓶、水、1根吸管，你还需要1位家长协助

当你用手握住玻璃瓶一段时间后，会使瓶内的空气温度升高，热空气会膨胀，并占据更多的空间，因此如果玻璃瓶的瓶壁很薄的话，那么玻璃瓶可能会因为压力过大而破裂。在这个实验中，由于热空气的膨胀，瓶内压力增大，推动水进入吸管，使吸管中的水面高度上升。

温暖的空气膨胀并上升，流经滑翔翼的翼面，帮助其升空并维持飞行。

由于地面受热而产生的上升气流称为"热气流"。

7 用手握住玻璃瓶给其加热一段时间，观察到吸管中的水面高度会上升。

你知道吗　汽车发动机中活塞的上下运动是由其中的气体定时受热膨胀产生的力驱动的。

第五章

电和磁

很久以前，矿石被认为具有吸引其他物质的魔力，闪电被视为神明愤怒的象征。现在我们知道，矿石可以吸引其他物质是因为它具有磁性，闪电实际上是一种放电现象，但它们仍让人感到神秘！

同性相斥，异性相吸

"同性相斥，异性相吸"是电磁学中一个重要的性质。带正电荷的质子和带负电荷的电子由于所带电荷相反而相互吸引；同样地，在磁体周围产生的磁场中，不同磁极间也存在相互作用，表现为相互吸引或相互排斥。

几百年前，当科学家们开始探索电和磁的基础知识时，他们曾将这两者视为两个不同领域的物理量。如今，电和磁已经由原先各自独立的领域融合发展成为物理学中一个完整的分支学科——电磁学。有了这个认识，工程师们现在能够设计出利用强大电流产生强大磁场的设备。

地球就像一个巨大的磁铁，它的周围被磁场所环绕。科学家们认为是地核中液态铁的流动产生了电流，这些电流的运动进一步产生了磁场。

令人惊讶的静电

在电场力的作用下，导体中的自由电荷做有规则的定向移动，这种定向移动就形成了电流。电流在我们的日常生活中十分常见，无论是手电筒照明、电饭煲煮饭，还是冰箱制冷等，都需要电流的通过来实现其功能。

与电流不同，静电中的"静"字意味着"不动"，因此静电是一种处于静止状态的电荷。这种静止的电荷有时却能产生非常强大的能量，其展现方式有时就像一场引人入胜的魔术表演一样。下面的实验将带领我们一起感受静电的力量。

将麦片倒入碗中，使麦片占据碗的容积的一半以上。注意不要把麦片压得太紧实。

用羊毛帽子或羊毛手套摩擦塑料勺子。

在麦片上方约 40～50 厘米处，慢慢晃动勺子，观察是否有现象发生。

降低勺子的高度，把勺子放在麦片上方约 5～10 厘米的位置。

你会看到一些麦片"跳"到了勺子上。而后又掉落回碗里。

86  **你需要准备** 麦片、1 个碗、1 把塑料勺子、1 顶羊毛帽子或 1 副羊毛手套

闪电是一种极为强大的静电放电现象，通常发生在云层中，涉及大量带电粒子的积聚。

云的上部和下部会产生强烈的电荷分离，上部带正电荷，下部带负电荷。随着电荷的积累，当电场强度达到一定程度时，会形成放电通道，即闪电。

科学揭秘

　　当你用羊毛帽子擦拭塑料勺子时，勺子的表面会产生静电，通常带负电荷，随着勺子表面静电的积累，会使靠近勺子的麦片中的电荷分布发生变化，麦片中的正电荷会被勺子表面所带的负电荷吸引，移向靠近勺子的地方，所以会看到一些麦片"跳"到了勺子上。麦片"跳"上勺子后，麦片也会获得一些负电荷，根据同性相斥的原理，所以麦片又会掉落回碗里。

? 你知道吗　　闪电的温度约 17 000～28 000 ℃，是太阳表面温度的 3～5 倍。

电流

电荷的定向移动形成电流。如果电流能够从起点出发，经过一系列路径后又回到起点，那么我们认为电流形成了闭合回路。一些特定的材料中的电子可以自由流动，从而能够在电路中传导电流，我们将这种材料称为导体。在下面这个精彩的实验中，我们可以自己搭建一个简单的电路，并通电点亮灯泡。

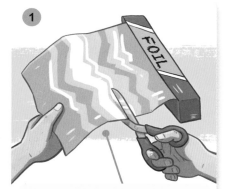

1 裁剪一块长 10 厘米、宽 5 厘米的长方形锡箔纸，确保裁切线是直的。

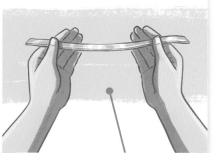

2 沿着长边将锡箔纸进行多次折叠，直到折成宽约 1 厘米的长条。

3 把电池放在锡箔纸的一端，使它的负极与锡箔纸接触。

4 将灯泡的连接点与电池的正极相接触。

5 固定灯泡，并将锡箔纸的另一端弯曲，使其接触电池的正极，会发现灯泡亮起来了。

6 现在把锡箔纸与电池的正极分开，会发现灯泡熄灭了。

你需要准备　厨房专用锡箔纸、1 把剪刀、1 节电池、1 只小灯泡

　　锡箔纸作为导体，可以在电路中传导电流，连通电路，使灯泡发光。在第4步中，灯泡只是放在了电池上，并没有被点亮，因为电路没有被连通。当把锡箔纸的另一端接触电池正极时，电荷可以从电池正极流入锡箔纸，再回到电池负极，形成一个闭合回路，因而点亮了灯泡。一旦将锡箔纸与电池正极分开，电路就会断开，灯泡就熄灭了。

这个球内部充有带电气体，如氖气、氩气等惰性气体。当电流通过这些气体时，气体中的原子会电离，形成等离子体，在这个过程中会产生发光现象。

等离子体是一种由自由电子和带电离子为主要成分的物质形态。

你知道吗　　在医疗检查和医疗诊断中，会利用人体的导电性来测量心电图或皮肤电阻。

如何使水流"弯曲"？

你相信吗？利用异种电荷相互吸引的原理，静电也可以对水龙头的水流产生影响。眼见为实，现在就让我们一起来试试吧！

1 打开厨房水龙头，注意水流不能太大哦。

2 拿起塑料梳子靠近水流，发现什么都没有发生。

3 用羊毛帽子（或羊毛手套）擦拭梳子。

4 再将梳子缓慢地接近水流。

5 让梳子靠近水流，并保持不动，观察水流的变化。

  **你需要准备** 1 把塑料梳子、1 顶羊毛帽子或 1 副羊毛手套

因为气体和液体都是流体，所以在许多方面，流动的空气和流动的水会表现出相似的行为。

飞机起飞时，迅速流动的空气顺着机翼的形状变"弯曲"。在这个过程中，机翼上方的空气流速加快，压力减小，与机翼下方的空气形成压力差，从而产生了升力，帮助飞机顺利升空。

科学揭秘

当你第一次将塑料梳子靠近水流时，梳子并不会对水流产生任何影响。然而，在用羊毛帽子（或羊毛手套）擦拭塑料梳子后，一些电子会从羊毛帽子转移到塑料梳子上，使梳子带负电荷。当带负电荷的梳子靠近水流时，由于静电感应，靠近梳子的水流中的电荷分布会发生改变，水流中的正电荷会被梳子上的负电荷吸引，导致水流弯曲，向梳子的方向靠近。

你知道吗

纯净的水只由氢元素和氧元素组成，它不导电。但完全纯净的水在自然界中很少见，大多数的水中都溶解了各种微量物质，这些物质使水具有一定的导电性。

导电性

电给我们的生活带来了极大的便利，但同时也带来了一些安全隐患，因此了解不同物品的导电性能是非常重要的。学会区分电的良导体和不良导体有助于我们安全地用电。通过使用验电器，我们可以判断物体的导电性能。根据下面这个趣味实验，我们可以自己动手制作一个简单的验电器，利用它来判断不同物体的导电性能。

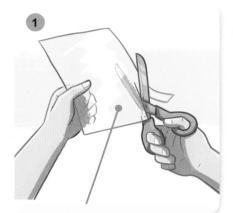

1 从 1 张透明塑料片中裁剪出两条长约 20 厘米、宽约 3 厘米的塑料片。

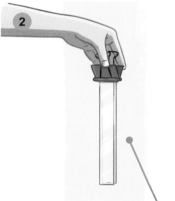

2 将这两条塑料片的一端用长尾夹夹起，使它们的另一端自然垂落。

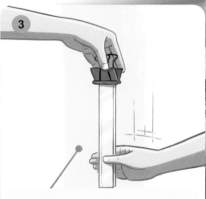

3 一只手拿着长尾夹，另一只手沿着塑料片迅速向下滑动，注意手不要被划破。

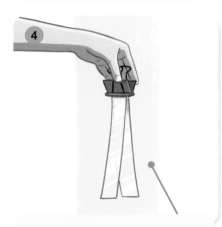

4 重复这个动作 2～3 次。发现这两条塑料片会分开。

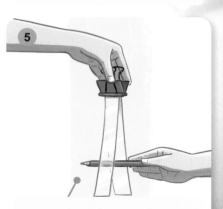

5 把塑料圆珠笔放在这两条塑料片中间，它们会保持分开的状态。

6 把钉子放在这两条塑料片中间，会发生什么呢?

你需要准备 1 把剪刀、1 张透明塑料片、1 个长尾夹、1 支塑料圆珠笔、1 颗钉子

在用手摩擦塑料片的过程中，两条塑料片上都会带有负电荷，导致它们互相排斥并分开。由于塑料圆珠笔是不良导体，其中没有自由移动的电子，因此当把圆珠笔放在两条塑料片中间时，它们依旧会保持分开的状态。然而，钉子是由金属材料制成的，是电的良导体，其中的电子可以自由移动，当它靠近带负电的塑料片时，钉子上的自由电子会重新分布，使得钉子靠近塑料片的一侧带有正电荷，于是，钉子带有正电荷的一侧能够吸引带有负电荷的塑料片，最终导致塑料片闭合。

铜是电的良导体，因此常常用于制作导线。

安全起见，导线外层通常由橡胶塑料或其他绝缘材料（不导电的材料）制成。

你知道吗 　鸟类可以安全地站在高压线上，是因为它们只踩在一根电线上，且身体没有与大地或另一根电压不同的电线接触，因此无法形成一个闭合回路，双脚间没有电压差，因此不会触电。

看不见的磁场

　　磁体周围存在着一种看不见、摸不着的物质，人们将其称为磁场。磁场会对邻近的磁性物体产生影响，并决定这些物体是被磁体吸引还是被排斥。为了表示磁场的分布情况，我们可以绘制磁感线，这些磁感线是虚拟的曲线，且在磁铁的两端最为密集，这两端被称为磁极，磁极处的磁场强度最大。地球的两个磁极分别称为磁北极和磁南极。尽管下面的实验有些复杂，但它很好地展示了磁场的强度和范围。

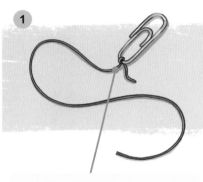

1 剪一段约 15 厘米长的线，并将其一端系在回形针上。

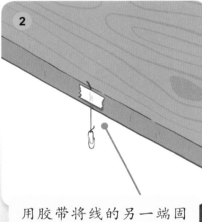

2 用胶带将线的另一端固定在桌子的边缘。

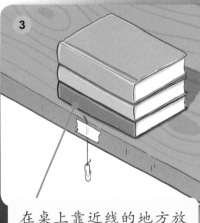

3 在桌上靠近线的地方放 3 本书。

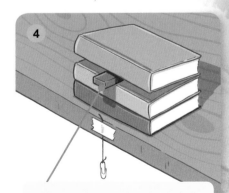

4 将磁铁的一端插入 2 本书之间，另一端露在外面，并超出回形针。

5 如果回形针不被磁铁吸引，那么移除底层的书。

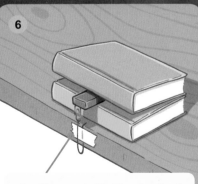

6 如果回形针被吸到磁铁上，那么就在下面加 1 本书。

你需要准备　线、1 枚回形针、胶带、4～6 本硬皮书、1 根磁性强的长条磁铁、厨房专用锡箔纸、1 块铁片

科学揭秘

　　本实验通过观察回形针是否能被磁铁吸引而悬浮起来，以及添加、移除的书的数量，可以确定磁场的范围。实验中还证明了锡箔纸不会干扰磁场，但另一种材料——铁片会干扰磁场。就像一些材料是电的良导体一样，有些材料能够轻松地让磁场通过，锡箔纸是非磁性材料，磁场可以轻易穿透锡箔纸，不会影响磁铁对回形针的吸引力，而铁片是磁性材料，会被磁场所磁化，从而改变磁铁周围的磁场分布，影响磁铁对回形针的吸引力。

绚丽的极光出现在极地地区的夜空中，这实际上也揭示了地球磁场的存在。

极光是由于太阳大气层不断向外喷射的带电粒子流（太阳风）进入地球磁场，与地球磁场相互作用，并与大气层中的分子发生碰撞而产生的。

回形针会被吸向磁铁，但无法接触到磁铁。

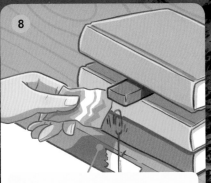

在磁铁和回形针之间插入 1 片锡箔纸，观察会发生什么。

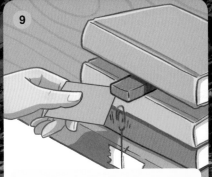

在磁铁和回形针之间插入 1 块铁片，观察会发生什么。

你知道吗　地球的磁极每年会因地球核心的磁性变化而移动，其移动速度在不同时间有所变化，近年来观测到磁北极移动速度有所加快，从每年大约 15 公里增加到了每年 55 公里左右。

95

磁力

　　重力是物体由于地球的吸引而受到的力，它能把地球表面的物体拉向地面。强大的磁场也会对物体产生力的作用，也就是磁力，如果这个磁力与重力大小一样，方向相反，就可以与重力相平衡。在下面这个实验中，我们将见证磁力和重力的角逐，看看在这场拉锯战中，究竟是哪一种力量能够获胜！

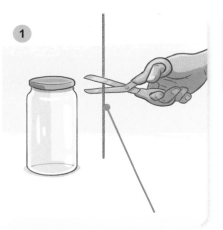

1 将绳子剪短，长度略小于罐子的高度。

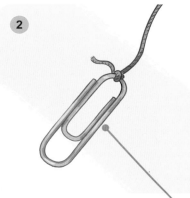

2 把1枚回形针系在绳子的一端。

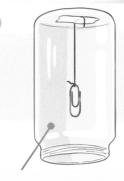

3 将罐子上下颠倒过来，用胶带将绳子的另一端固定在罐子的底部，使回形针垂下来。

4 将磁铁贴在罐子的盖子内侧。

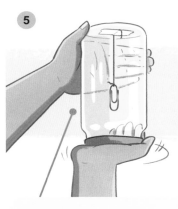

5 盖上盖子。

6 然后将罐子正过来，看看会发生什么。

🎈 **你需要准备** 　1根绳子、1把剪刀、1个罐子、1枚回形针、胶带或胶水、1块磁铁在这个实验中，有两个方向相反的力作用在回形针上。与地球上的其他物体一样，回形针也会受到重力的作用，重力会把回形针向下拉。但是磁铁所产生的磁场足够强大，它对回形针产生的磁力能让回形针克服重力的作用，从而悬浮起来。如果回形针在离磁铁更远的位置，磁场就会变弱，产生的磁力也就无法克服重力，回形针就会下落。

就像悬浮的回形针一样，磁悬浮列车利用磁力抵抗重力。

磁悬浮列车能悬浮在轨道上行驶，是因为列车底部的磁铁与轨道上的电磁线圈产生的磁场相互作用。

你知道吗 2015 年，日本的一辆磁悬浮列车创下了史上最快的行驶纪录，它的速度达到了 603 千米 / 时！

自制指南针

几个世纪以来，指南针一直是航海员们的重要导航工具之一。基于地球自身的磁场，指南针的指针一端指向地理北方，另一端指向地理南方。需要注意的是，地球的磁场是偶极磁场，地磁的南极位于地理北极附近，地磁的北极位于地理南极附近。所以指南针上的"北"指向的实际是地磁的南极。我们可以用水和磁化的针来制作一个简易的指南针。

1 向碗中倒入约 3～4 厘米深的水，无须太精确。

2 从大泡沫板上切割出一块长约 5 厘米、宽约 3 厘米的小泡沫板。

3 小心地将泡沫板放在水上。

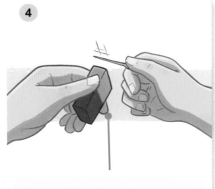

4 用针与磁铁的一端相摩擦，大约 40 次。

5 将针放在泡沫板上。

6 过一会儿发现针尖会指向正北方向。

你需要准备 1 个大碗、水、泡沫板、1 根针、1 块磁铁

在早期没有指南针的情况下，船员不得不依靠星星来确定航向，这使得在恶劣天气下航行变得异常困难。

有了指南针以后，船员就能够在白天或黑夜，甚至在任何天气条件下进行导航。

科学揭秘

通过实验，你可以看到针在泡沫板上缓慢转动，当它稳定下来后，一端指向地理南方，一端指向地理北方，这就是一个简易的指南针。如果你没有用磁铁与针摩擦，那么它就不会呈现出这种效果。

被磁铁摩擦过的物体，尤其是金属物体，会发生磁化现象，在磁化过程中，物体内部原本随机排列的微粒会趋于沿着磁场线的方向排列，从而展现出磁性。

你知道吗 古时候，磁铁矿的英文名称是"lodestone"，意思是指路石。这个名字显示出指南针的发明对航海的重要性，因为磁铁矿是最早被用来制作指南针的材料之一。

动态电磁场

　　电磁铁是一种利用电流产生磁场的装置。电磁铁的磁场强度取决于电流的强度，电流越大，磁场强度也就越大。请在家长的陪同下进行下面这个实验，并看看你的电磁铁能够吸起多少枚回形针。

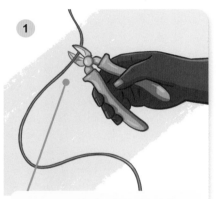

1 请让家长用钳子剪下 1 根 60 厘米长的、有绝缘层的电线。

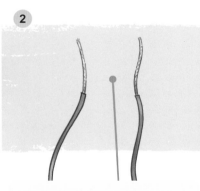

2 在电线的两端分别剥开大约 2 厘米长的绝缘层，使金属导线裸露出来。

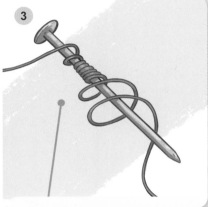

3 将电线紧紧缠绕铁钉，大约绕 40 圈。

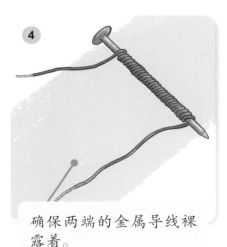

4 确保两端的金属导线裸露着。

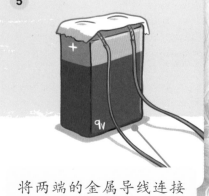

5 将两端的金属导线连接到电池上。

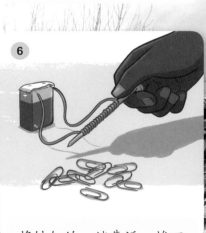

6 将铁钉的一端靠近一堆回形针，看看会发生什么。

 你需要准备　1 根有绝缘层的电线（长度大于 60 厘米）、1 把钳子、1 根 2 厘米长的铁钉、1 块电压为 9 V 的电池、若干枚回形针

废品回收场利用强大的电磁铁（起重电磁铁）来吊起和搬运沉重的金属物体。

电磁铁还可以用于材料的筛选，可以将废品中含铁的磁性金属（可被电磁铁吸起的金属）与其他非磁性金属及非金属物品分离开来。

科学揭秘

将导线绕在铁钉上并连接电池，电流会沿着导线从电池的正极流向负极。当电流通过线圈时，线圈内部会产生一个磁场，这样就得到了一个电磁铁装置，并且可以一次吸起若干枚回形针。电磁铁依赖于电流，一旦导线的任一处断开，磁场就消失了。

你知道吗

在未来，我们或许会利用电磁场的力量来实现太空旅行，可以通过电磁场来加速带电粒子（如离子），利用这些高速粒子的喷射产生推力从而推动航天器。

第六章

生物

在科学分类中，我们通常将物体分为生物和非生物两大类。对于一些物体，它们是生物还是非生物很容易区分，比如岩石和海水属于非生物，而狮子、橡树和人类等明显属于生物。

生物的特征

我们生活中会接触到形形色色的物体，你知道哪些属于生物吗？通常我们认为生物主要指植物和动物，但实际上生物的范围远不止于此，除了这些宏观的生命体，还有许多微小到肉眼看不见的微生物，比如细菌、真菌和病毒，也都属于生物。有些微生物是肉眼可以看到的，如属于真菌的蘑菇。

生物有一些共同的特征，比如它们都能够生长、发育、繁殖、进行新陈代谢，并且能够对周围环境的刺激做出反应。除了这些特征外，许多生物还进化出了自己的特殊"才能"，让我们一起探索生物的奥秘，发现生命的美妙之处吧！

你知道吗　金刚鹦鹉在食用了尚未成熟的或者有毒性的果实之后，它们会在岩壁上啄食土块，这是因为泥土中含有特别的矿物质，可以中和金刚鹦鹉摄入的毒素，从而避免中毒。

植物的生长

植物就像一个奇妙的工厂，它们可以利用阳光、二氧化碳和水进行光合作用，制造自身所需的养分并促进生长。为了探究植物不同部位的生长速率是否一致，我们可以做下面这个实验，我们需要准备几颗蚕豆种子，并把它们放置在一个能够接受充足阳光照射的窗户旁，进行观察。

将 4 颗蚕豆种子放入碗中，加水没过它们，浸泡一个晚上。

在密封袋中放入完全用水浸湿的棉球。

再加入更多湿棉球，直到密封袋底部被装满。

将种子均匀地放在袋内的湿棉球上。

封好密封袋，并将其粘贴在窗户上。

在密封袋旁粘贴 1 张纸，分别记录种子底部的位置和每颗种子长出的茎的初始高度。

你需要准备　4 颗蚕豆种子、1 个碗、水、棉球、1 个密封袋、胶带、1 张纸

蚕豆种子在适宜的水分、温度和光照条件下，会自己吸收水分，生长出嫩芽，并逐渐形成茎和根。在蚕豆的生长过程中，你会观察到一个十分有趣的现象：蚕豆茎的顶端生长非常明显，而靠近种子外壳的部分生长则相对较慢。这是由于生长素（一种植物激素）在茎的顶端积累，促进了该处细胞的伸长、生长和分裂。通过这种不均匀的生长方式，植物能够有效地利用资源，适应不同的环境条件，维持生长的平衡和稳定性。

尽管竹子的外观类似于细高的树木，但它实际上属于草本植物，通常生长在开阔的地带。

有些种类的竹子一天可以长高 0.9 米。

7

持续观察几天，注意看种子哪个部位的茎生长得最快。

你知道吗　在南美洲安第斯山脉上的安第斯女王莴氏普亚凤梨（*Puya raimondii*）一生只开一次花，在等待 80～150 年后，它会绽放出美丽的花朵，并用芬芳和绚烂告别这个世界。

植物的向光性

　　阳光对植物的生长至关重要，通过光合作用，植物可以将阳光转化为生长和发育所需的能量和营养物质。由于大部分植物需要光才能生存，它们便逐渐进化出了对光源的方向和强度变化做出反应的能力，为了吸收更多的阳光，当植物感知到光时，它会朝向光源的方向生长。通过下面这个有趣的实验，我们可以观察到植物是如何向光生长的。

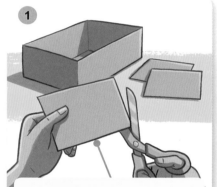

1 裁剪出 3 块硬纸板，使它们的宽度与鞋盒的高度一致，长度比鞋盒的宽度约短 5 厘米。

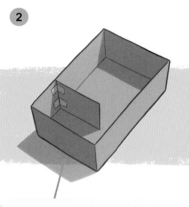

2 在鞋盒内部一侧的四分之一处粘贴第一块硬纸板。

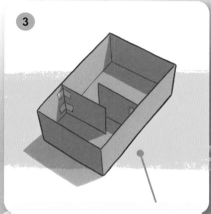

3 在鞋盒内部另一侧的中间位置粘贴第二块硬纸板。

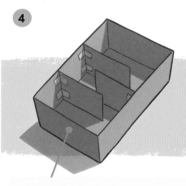

4 在第一块硬纸板的同侧的四分之三处粘贴第三块硬纸板。

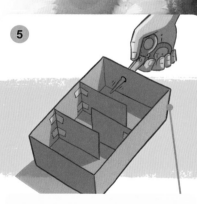

5 请家长帮忙在与硬纸板相对的鞋盒的一侧戳一个小孔。

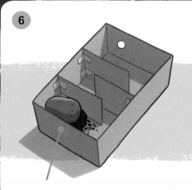

6 在鞋盒与第一块硬纸板之间铺上泥土，将 1 颗发芽的土豆种在泥土里。

你需要准备　1 个鞋盒、1 块大的硬纸板、1 把剪刀、胶带、泥土、1 颗发芽的土豆

科学揭秘

这个实验很好地演示了植物的向光性。当植物感知到光时，植物会向光线充足的方向生长。生长素是一种可以促进植物细胞生长的激素，当植物受到单侧光照射时，植物茎内的生长素会在背光侧聚集，导致背光侧的细胞生长速度加快，从而使植物的茎向光源方向弯曲。在这个实验中，土豆感知到透过来的微弱光线，它的茎便朝向光源生长。

与这颗发芽的土豆一样，许多植物都具有光感应性，比如向日葵，它因其向阳生长的特性而得名。

向日葵是一种特别有趣的植物，在花盘成熟前，它在生长过程中会随着太阳的移动而调整花盘的方向。

7 盖上鞋盒，把它放在可以照到阳光的地方。

8 每隔几天检查一次，注意每次检查后都要再盖上盖子。

? **你知道吗** 植物还具有向地性，这是它们因环境中的重力因素的刺激而做出的生长反应。植物还能通过根系对土壤中的水分梯度做出反应，向水势较高的区域生长。

酸性物质的侵害

　　生物体表面常常有保护性结构，这种结构可以防御外来侵害和维持生物体内部的稳定。酸性的化学物质具有腐蚀性，它们可以通过化学反应破坏生物体的保护性结构。在我们的日常饮食中，很多食品中都含有酸性物质，比如柑橘类水果、饮料等，它们会损害牙釉质，进而损害牙齿健康，因此保持良好的口腔卫生习惯有助于减少酸性物质对牙齿的损害。科学家们正通过研究和创新，持续开发新的化学物质，以增强人们牙齿表面的防护能力。在下面这个实验中，鸡蛋的外壳就像是我们的牙釉质，可以帮助我们理解酸是如何对牙齿造成损害的。

1 在玻璃杯中放入 1 颗新鲜鸡蛋，倒入漱口水，使鸡蛋完全被浸没。

2 在另外两个玻璃杯中各倒入半杯白醋。

3 十分钟后，将浸泡过漱口水的鸡蛋放入其中一个装有白醋的玻璃杯中。

4 接着，在第二个装有白醋的玻璃杯里放入 1 颗新鲜的鸡蛋。

5 观察到没有浸泡过漱口水的鸡蛋上产生了很多气泡（类似于牙齿被酸性物质腐蚀）。

你需要准备 3 个一样的玻璃杯、2 颗新鲜鸡蛋、含氟漱口水、白醋

植物的组织通常是直接暴露在自然环境中的，它们比鸡蛋壳或牙齿更易受到酸性物质的腐蚀，所以酸雨等酸性环境会影响植物的生长和健康。

树木的根系有助于固定土壤，防止土壤受到侵蚀。当树木数量减少时，土壤容易受到侵蚀，并造成土壤贫瘠化，从而影响生态系统的健康。

科学揭秘

在实验过程中，你可以看到没有浸泡过漱口水的鸡蛋上产生了气泡，这是因为鸡蛋壳的主要成分是碳酸钙，牙釉质的主要成分也是含钙的化合物。酸性物质，比如醋中的乙酸，会与碳酸钙这样的化合物发生反应，导致其溶解并释放出气体。漱口水中含有氟化物，能够与牙齿表面的矿物质结合，形成一层坚固的保护层，有助于减少牙齿表面的脱矿现象，促进牙釉质的再矿化。这样牙齿就能够更好地抵抗酸性物质的侵蚀，防止蛀牙。

你知道吗　　　　一些地区会在饮用水中添加氟化物，以此来预防龋齿并增强口腔健康。

X 射线

通过 X 射线成像，医生可以清晰地看到患者体内的情况，并据此准确地诊断疾病，为患者提供有效的治疗方案。当 X 射线穿过身体时，不同的组织会不同程度地吸收 X 射线，骨骼吸收的 X 射线更多，因此骨骼在 X 射线影像中通常会显示为白色区域。在下面这个实验中，我们把手电筒当作 X 射线机来观察自己的骨骼，为了实验能够成功，我们需要在一个非常黑暗的房间内进行。

1 关闭所有灯光并拉上窗帘，使房间变得非常黑暗。

2 检查你的手电筒能否发出明亮的光。

在这个 X 射线影像中，充满空气的肺部显示为黑色，但实心的肋骨则呈现为白色。

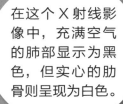

3 将手电筒对着你的手掌心。

4 将手电筒贴在手掌上，你会看到骨骼呈现出在 X 射线影像中的样子。

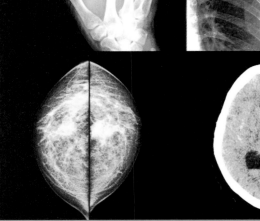

你需要准备　1 个手电筒（头部直径要比你的手掌的宽度小）

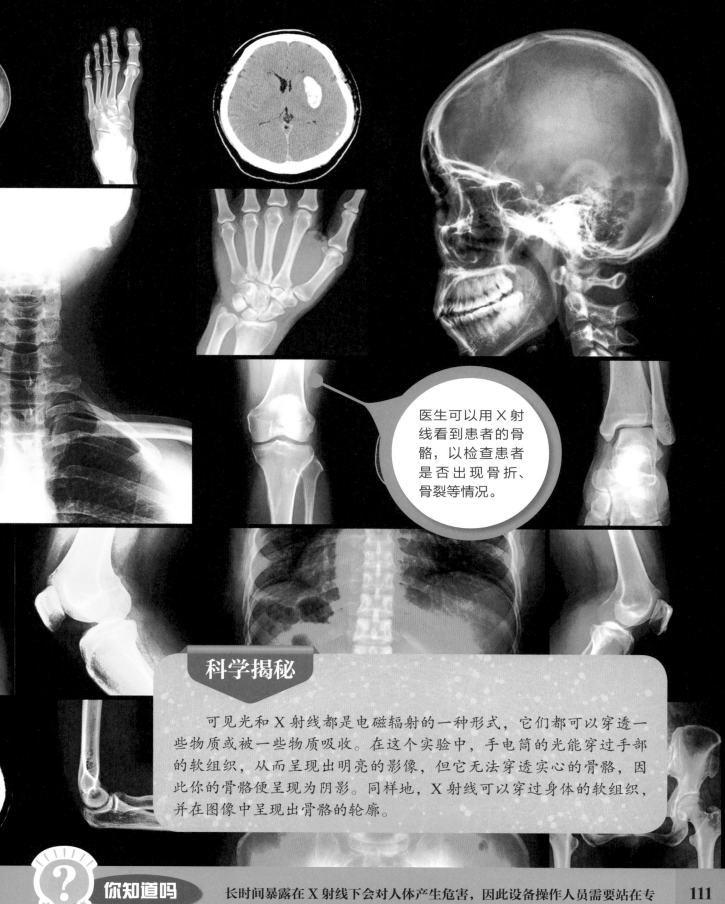

医生可以用 X 射线看到患者的骨骼，以检查患者是否出现骨折、骨裂等情况。

科学揭秘

可见光和 X 射线都是电磁辐射的一种形式，它们都可以穿透一些物质或被一些物质吸收。在这个实验中，手电筒的光能穿过手部的软组织，从而呈现出明亮的影像，但它无法穿透实心的骨骼，因此你的骨骼便呈现为阴影。同样地，X 射线可以穿过身体的软组织，并在图像中呈现出骨骼的轮廓。

你知道吗

长时间暴露在 X 射线下会对人体产生危害，因此设备操作人员需要站在专门设置的防护屏后面，以减少 X 射线的暴露。

半透膜

无论是植物还是动物，体液都在其中扮演着重要角色，在动物体内，循环系统负责将体液输送到身体的各个器官和细胞，从而维持着生命活动的正常进行，在植物体内，也有一套复杂的体液传输系统，即维管束系统，维持着植物的生长和发育。在这个过程中，细胞膜发挥着关键作用，它作为细胞的边界，具有半透性，能够选择性地允许物质通过。玻璃纸也具有半透性，在下面这个实验中，它扮演着细胞膜的角色，向我们展示液体是如何通过细胞膜的。

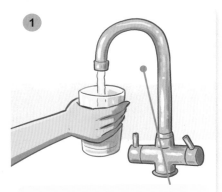

向玻璃杯中倒入大半杯水。

向杯子中加入1勺盐，并搅拌至盐完全溶解。

向碗中倒入水，再滴入几滴食用色素并搅拌均匀。

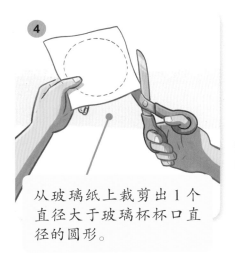

从玻璃纸上裁剪出1个直径大于玻璃杯杯口直径的圆形。

用玻璃纸盖住杯口，并用橡皮筋固定住。

将玻璃杯倒置放在碗中。

你需要准备　1个玻璃杯、水、1把勺子、盐、1个碗、食用色素、1张玻璃纸、1把剪刀、1根橡皮筋

你会看到玻璃杯中的水逐渐与碗中的水颜色一致。纤维素是构成植物细胞壁的重要成分，而玻璃纸正是由纤维素制成的一种半透膜，只允许某些分子或离子通过。细胞膜也具有类似的筛选功能，能够调控物质的进出，以维持细胞内外环境的平衡。在这个实验中，玻璃纸就像细胞膜一样，可以允许含有色素的水分子扩散并进入玻璃杯中。

在葡萄中，果肉细胞的细胞膜能够调节水和营养物质的进入。

葡萄的表皮具有一定的不透水性，能够有效减少水分的散失，因此，葡萄果肉能保持较高的含水量。

7

一段时间后，观察到玻璃杯中的水变色了。

植物"指南针"

在野外，如果没有 GPS 或指南针，你要怎么辨别方向呢？其实我们可以通过仔细观察周围环境并利用自然界中的迹象来辨认方向。在下面这个户外实验中，让我们来学习如何利用苔藓的生长习性来导航吧！

1

站在 1 棵底部长有苔藓的树旁，将指南针放在地面上。

2

确认指南针指向北方。

3

绕着树走一圈，看看哪一侧的苔藓生长得更茂密。

4

发现长满苔藓的那一侧就是北方。再多观察几棵树，看看苔藓是否都只在树的一侧生长得更为茂密。

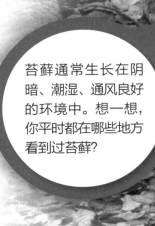

苔藓通常生长在阴暗、潮湿、通风良好的环境中。想一想，你平时都在哪些地方看到过苔藓？

  你需要准备 　1 个指南针，你还需要寻找几棵底部长有苔藓的树

苔藓也会生长在腐朽的树桩上，因为这些树桩可以保持较多的水分并释放出养分，为苔藓提供生长所需的条件。

科学揭秘

　　在自然界中，苔藓通常在阴暗、潮湿的环境中生长，这就说明苔藓通常生长在大树背光的一侧。在北半球，南面光照更充足，所以树木的北侧通常更阴凉、潮湿，因此苔藓生长更为茂密的一侧就是北方。在南半球，太阳主要从北面照射，因此苔藓主要生长在树木的南侧。

你知道吗　　许多树木的生长都呈现出不平衡性，朝向太阳的一侧会长出更多的树枝和叶子，这样植物就可以更有效地吸收阳光，从而提高光合作用的效率，有利于植物的生长和发育。

蒸腾作用

　　植物就像一个循环水泵一样，它可以不断地吸收、传输、利用和释放水。植物的根部从土壤中吸收水分和营养物质，然后通过维管组织将它们传输到植物的各个部位，用于植物的光合作用和呼吸作用等生命活动，再通过叶片的蒸腾作用将多余的水分释放到空气中，参与到自然界的水循环之中。找到 1 片合适的叶子（不要摘下来）来进行下面这个实验，实验过后不要忘记摘除塑料袋哦！

1 在树上或灌木上找一片约手掌大小的叶子。

2 用透明塑料袋包裹住叶子。

3 用橡皮筋将叶子密封在塑料袋中。

4 15 分钟后检查袋子，你有什么发现？

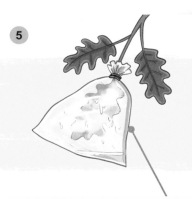

5 24 小时后再次检查，有什么变化？

6 实验结束之后记得摘除塑料袋，以免叶子受损！

你需要准备　　1 个透明塑料袋、1 根橡皮筋，你还需要找到 1 片约手掌大小的叶子

植物就像一个水泵，不断地从土壤中吸收水分，再通过蒸腾作用将水分释放到空气中。

植物通过蒸腾作用释放水分，增加了空气中的水蒸气的含量，这有助于形成飘浮在林地上方的雾气或云，形成一种美丽的自然景观。

科学揭秘

　　蒸腾作用是指植物体内的水分以气态的形式散失到大气的过程，其本质是一个蒸发过程，主要通过植物叶片上的气孔进行。在这个实验中，植物叶片的蒸腾作用产生的水蒸气会在塑料袋内聚集，随着温度的降低，水蒸气会凝结，变为液态水，所以24小时后会发现塑料袋中有水。植物通过蒸腾作用将水分释放到大气中，这个过程有助于促进根部从土壤中吸收水分，以维持植物体内的水分平衡。

 你知道吗　　许多沙漠植物通过特殊的适应性特征来适应干燥、炎热的沙漠环境。例如，仙人掌通过其肉质茎来储存水分。其他沙漠植物可能具有小而厚的叶子、蜡质层或茸毛，以减少水分蒸发并保护植物免受极端温度的影响。

肌肉记忆

在学习复杂动作时，通过反复练习，我们可以训练大脑与肌肉之间形成一种默契的协作关系，这种默契能够让我们在某种程度上无意识地完成这些动作，比如滑雪、跳舞和演奏乐器等。重复性的动作训练能够调整肌肉的收缩和放松，提高运动效果。你可以让你的朋友们尝试一个简单的动作，来向他们展示肌肉记忆的效果。

1 请1位朋友站在门中间，手臂沿着门框的一侧垂直放下。

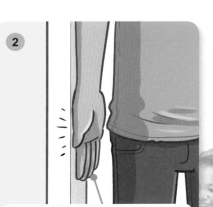

2 让他将手臂用力贴在门框上，使手背与门框产生对抗力。

3 计时30秒，随后离开门框。

3 离开门框后，他的手臂会不自觉地慢慢抬起，是不是很出乎意料！

4 请第二位朋友做同样的动作，但这次只计时15秒。

6 比较看看谁的手臂抬起得更高。

你需要准备 秒表，你还需要2位朋友协助

科学揭秘

在这个实验中，虽然没有涉及一系列的复杂动作，却非常简单地演示了肌肉记忆的形成。在一段时间内使手臂贴在门框上是一个不断重复并在大脑中得到强化的过程，因此即使移除了障碍物（门框），人的手臂由于肌肉记忆，仍会继续执行动作，并慢慢抬起。相比之下，另一位朋友的手臂抬起的动作可能就不会那么明显，因为她维持这个动作的时间相对更短。

> 高跷演员会先使用小高跷进行练习，直到他们的手臂和腿形成肌肉记忆。

> 这种肌肉记忆不仅能帮助他们在高跷上更好地保持平衡，还能增强他们的信心，从而尝试更复杂的动作，比如在高跷上跳舞。

 你知道吗

肌肉记忆有时也是一把双刃剑。举个例子，如果你学会了错误的网球发球动作并形成了肌肉记忆，那么纠正这个动作可能要耗费大量的时间和精力。

119

生物的营养获取

　　对于所有生命体来说，摄取适当的营养是生存、繁殖和维持个体健康的基础，同时也是维持生态平衡的重要因素。食物中的营养物质往往是与其他物质结合在一起的，生物体，特别是人类和动物，需要通过消化过程来分解这些复杂的物质，从而获取所需的营养。消化是一个复杂的化学反应过程，在这一过程中，食物中的营养物质会被分解，以便生物体能够吸收和利用，而那些没有被生物体吸收和利用的物质会被排泄到体外。这些排泄物，包括无法消化的残渣和代谢产物，有时对其他生物来说也是重要的营养来源。为了更直观地理解生物的营养获取过程，我们可以通过下面这个实验，利用酵母的分解作用让气球变大。

在量杯中加入约 200 毫升 38 ℃ 的温水。

检查温度是不是 38 ℃。

用漏斗往气球中加入 1 勺糖和 1 勺酵母。

再用漏斗将温水倒入气球中，并给气球打结。

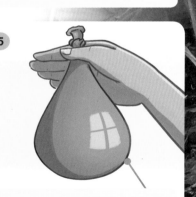

静置 10 分钟，观察气球会怎么变化。

可以发现气球逐渐膨胀变大。

你需要准备　　1 个量杯、水、1 个温度计、1 个漏斗、1 只气球、糖、酵母、1 把勺子

酵母和蘑菇都是真菌，蘑菇主要通过分解腐烂的植物来获取营养。

与植物不同，蘑菇不具备进行光合作用的能力。

科学揭秘

　　尽管酵母和蘑菇在外观和生活习性上有很大的差异，但它们在生物分类学上同属于真菌。真菌是一类多样化的生物，它们通过不同的方式获取营养，其中酵母通过发酵作用分解糖分来获取营养。在这个实验中，38 ℃的温水和糖分别为酵母提供了适宜的生存条件和营养物质，酵母通过发酵作用分解糖分并释放二氧化碳气体，产生的二氧化碳气体会逐渐累积在气球内，因此你会看到气球因充满二氧化碳气体而逐渐膨胀。

你知道吗　在美国俄勒冈州有一个巨大的蘑菇群落，是迄今为止最大的真菌。据科学家估计，这个群落已经生长了大约 2 400 年。

附录 I
名词解释

B

表面张力
液体表面附近的分子受到来自内部和周围液体分子的不平衡吸引力，从而产生了一个向内的拉力，即表面张力。

波长
波在一个振动周期内传播的距离。

伯努利原理
在理想流体的运动中，流体速度增加时，压力降低；流体速度降低时，压力增加。

C

层状材料
由不同材料层叠加而成的结构，这些材料层可以是相同的，也可以是不同的。

磁场
传递物体间磁力作用的场，看不见、摸不着，磁场会对磁性物质（比如磁铁）施加力。

磁极
磁体上磁性最强的部分。能够自由转动的磁体，例如悬吊着的磁针，静止时指南的那个磁极叫南极或 S 极，指北的那个磁极叫北极或 N 极。

磁力
描述磁铁对物体的吸引或排斥作用。

磁悬浮
一种利用磁场力实现物体悬浮并能够精确控制其运动的技术。

D

导体
电阻率较小且易于传导电流的材料。

电磁
物质表现出的电性和磁性的合称。

电荷
构成原子核的质子和中子以及核外电子的一种属性，分为正电荷和负电荷两种类型。

电流
由电荷的定向移动形成。

电路
由电源、用电器、导线、开关组成的电流可以通过的路径。

电子
一种带负电的粒子，是构成原子的一部分。

动量
描述物体运动状态的物理量，等于物体的质量乘速度。

动量守恒定律
如果一个系统不受外力（或所受外力的矢量和为 0），那么这个系统的总动量保持不变。

多普勒效应
波源与观察者发生相对运动（相互靠近或者相互远离）时，观察者接收到的波的频率会发生变化的现象。

F

反射
光线、声波或电磁波等遇到障碍物或介质边界时回弹并改变传播方向的现象。

放大
通常指增强图像、声音或其他信号的过程，本书中也指使波的能量增强。

放射
能量以波或粒子的形式从源头释放并向外传播的过程。

分子
保持物质化学性质的最小微粒。

浮力
浸在流体中的物体受到的竖直向上的力，由流体的压力差产生。

腐烂
有机物质在特定条件下逐渐分解和变质的过程。这一过程通常由微生物（如细菌和真菌）引发。

G

共振
当一个系统的固有频率与外部力的频率相匹配时，振动会变得特别强烈的现象。

骨折
骨头或骨头的一部分因为外力或疾病而发生断裂的情况。

惯性
根据牛顿第一定律，物体在无外力作用下，将保持静止或匀速直线运动状态的性质。

光合作用
绿色植物、某些藻类和一些细菌利用光能将二氧化碳和水转化为有机物质（如葡萄糖）和氧气的生物化学过程。

H

化学反应
两种或两种以上的物质发生相互作用，并生成新物质的过程。

J

激光
由原子或分子受激辐射放大产生的光，高度集中，具有特定波长和高度的相干性。

胶体
分散质粒子的直径大小在 1～100 nm 之间的分散系。

焦点
平行光线经透镜折射或球面镜反射后会聚在主光轴上的点。

角动量
力学中表征物体转动特性的物理量。

晶体
由原子、分子或离子按照一定的空间次序排列而成的固体，通常具有规则的几何外形。

静电
物体间摩擦或接触时因电荷转移导致的电荷不平衡现象。

聚焦
将光线会聚于一点（焦点）的过程。

绝缘材料
减缓或阻止电流通过的材料。

K

扩散
物质分子从高浓度区域向低浓度区域转移，直到均匀分布的现象。

L

力
作用在物体上，是导致物体运动状态改变或发生形变的原因。

M

密度
某种物质组成的物体的质量与它的体积之比。

摩擦力
一种阻碍物体相对运动或相对运动趋势的力，在两个接触面上产生。

N

内聚力
同种物质内部相邻各部分之间的吸引力，使得物质能够保持形状和结构。

能量
表示物体做功或发生转变的能力，可以在不同形式之间转换和传递。在自然界中，能量有多种表现形式，如热能、动能、辐射能、化学能、电能等。

凝固点
物质由液态转变为固态时的特定温度。

P

频率
波在单位时间内完成周期性变化的次数。

R

热膨胀
物质在受热后体积变大的现象。物体吸收热量后，其分子运动加剧，分子间相互作用力减弱，从而导致物体体积膨胀。

热气流
由于温度差异引起的空气自然对流的

现象，通常表现为热空气上升、冷空气下沉。

溶解
一种物质（溶质）均匀地分散在另一种物质（溶剂）中形成溶液的过程。

溶液
由一种物质（溶质）溶解在另一种物质（溶剂）中形成，是一种均匀且稳定的混合物，通常由两种或多种物质组成。

熔化
物质从固态转变为液态的物理过程。

S

渗透性
一种材料在不损坏介质构造的情况下，能使流体通过的能力。

声带
位于喉部，由声带肌、声带韧带和黏膜组成，通过控制空气流动产生振动，是产生声音的主要器官。

水蒸气
水分子在气相状态下的形式。

酸
在水中电离产生的阳离子全部是氢离子的化合物。

酸雨
由雨水和大气污染物中的酸性物质反应形成的酸性溶液，对水生动物和植物有害，还会对建筑物造成损害。

T

天然气
一种主要成分为甲烷的气态化石燃料，无色、无味。

X

X 射线
一种波长极短但能量很大的电磁波。具有短波长的高能辐射，能够穿透可见光无法穿透的材料，广泛应用于医学影像诊断。

吸收
物体通过化学或物理变化把外界的某些物质吸取到内部的过程。

细胞膜
主要由磷脂双分子层、蛋白质和糖类等物质构成的富有弹性的半透性薄膜。将细胞内部与外部环境分隔开来，控制物质的进出。

向光性
植物对光的自然生长反应，使植物朝着光源方向生长，以促进光合作用的进行，从而制造能量和营养物质。

消化
生物体（主要是人类和动物）将摄入的复杂有机物分解为可吸收的小分子，并释放能量供身体利用的过程。

Y

压力
垂直作用在物体表面的力。

液化
物质从固态转变为液态的物理过程。

引力
两个具有质量的物体之间相互吸引的力，由重力场引起。

营养物质
供给生物体所需营养以维持生命活动和促进生长发育的物质。

Z

折射
光线从一种介质进入另一种介质时传播方向发生改变的现象。

蒸腾作用
植物从根部吸收土壤中的水分，并通过叶片表面的气孔释放水蒸气的过程。

植物的感受器
可以感知外部环境变化（如光、温度）并通过神经系统传递信息的器官或细胞。通过感知外部刺激，植物可以做出适应性的生长和生存反应，比如调节生长方向、开花时间、根系生长和水分吸收等生理过程。

指南针
中国古代发明的利用磁针指示方向的仪器，由于磁针受到地磁场吸引，针的一头总是指向南方（地理南极）。

附录II
本书与教材内容对照表

相关实验及知识点 （本书内容）	相关教材		对应教材内容
第一章 物质	牢固的建筑	人教版化学　九年级下册	第十二单元　化学与生活 课题3　有机合成材料
	金属的奥秘	人教版化学　九年级上册	第三单元　物质构成的奥秘 课题1　分子和原子
	分子的魔力	人教版化学　九年级下册	第十二单元　化学与生活 课题3　有机合成材料
	酸的腐蚀性	人教版化学　九年级下册	第十单元　酸和碱 课题1　常见的酸和碱
	神奇的胶体	人教版化学　高中化学必修第一册	第一章　物质及其转化 第一节　物质的分类及转化
	变幻莫测的巧克力	人教版物理　八年级上册	第三章　物态变化 第2节　熔化和凝固
	层状材料	人教版化学　九年级下册	第十二单元　化学与生活 课题3　有机合成材料
第二章 力和运动	风洞	人教版物理　八年级下册	第九章　压强 第4节　流体压强与流速的关系
	空气的力量	人教版物理　八年级下册	第九章　压强 第3节　大气压强
	内聚力和黏附力	人教版物理　高中物理选择性必修第三册	第二章　气体、固体和液体 第5节　液体
	水的表面张力	人教版物理　高中物理选择性必修第三册	第二章　气体、固体和液体 第5节　液体
	重心与平衡	人教版物理　八年级下册	第七章　力 第3节　重力
	浮力	人教版物理　八年级下册	第十章　浮力 第2节　阿基米德原理
	摩擦力	人教版物理　八年级下册	第八章　运动和力 第3节　摩擦力
	减小压强	人教版物理　八年级下册	第九章　压强 第1节　压强
	奇妙的动量	人教版物理　高中物理选择性必修第一册	第一章　动量守恒定律 第1节　动量 第3节　动量守恒定律
	角动量	人教版物理　高中物理选择性必修第一册	第一章　动量守恒定律 第3节　动量守恒定律
	时间对动量的影响	人教版物理　高中物理选择性必修第一册	第一章　动量守恒定律 第2节　动量定理

相关实验及知识点 （本书内容）	相关教材		对应教材内容
第三章 光和声	音乐之声	人教版物理　八年级上册	第二章　声现象 第 2 节　声音的特性
	光的反射	人教版物理　八年级上册	第四章　光现象 第 2 节　光的反射
	声音的聚焦	人教版物理　八年级上册	第二章　声现象 第 2 节　声音的特性
	声音的振动频率	人教版物理　八年级上册	第二章　声现象 第 2 节　声音的特性
	多普勒效应	人教版物理　高中物理选择性必修第一册	第三章　机械波 第 5 节　多普勒效应
	光的折射	人教版物理　八年级上册	第四章　光现象 第 4 节　光的折射
	敏锐的听觉	人教版物理　八年级上册	第二章　声现象 第 3 节　声的利用
	光的魔术	人教版物理　高中物理选择性必修第一册	第四章　光 第 2 节　全反射
	神奇的透镜	人教版物理　八年级上册	第五章　透镜及其应用 第 2 节　生活中的透镜
	强大的光	人教版物理　高中物理选择性必修第一册	第四章　光 第 6 节　光的偏振　激光
第四章 热和冷	璀璨的晶体	人教版化学　九年级下册	第九单元　溶液 课题 2　溶解度
	水雾的形成	人教版物理　八年级上册	第三章　物态变化 第 3 节　汽化和液化
	温度"错觉"	人教版物理　八年级上册	第三章　物态变化 第 1 节　温度
	热量的吸收	人教版物理　九年级全一册	第十三章　内能 第 3 节　比热容
	会飞的气球	人教版物理　九年级全一册	第十三章　内能 第 1 节　分子热运动
	凝固点	人教版物理　八年级上册	第三章　物态变化 第 2 节　熔化和凝固
	粒子的运动	人教版物理　九年级全一册	第十三章　内能 第 1 节　分子热运动
	热空气动力	人教版物理　八年级下册	第九章　压强 第 4 节　流体压强与流速的关系

相关实验及知识点 （本书内容）	相关教材		对应教材内容
第五章 电和磁	令人惊讶的静电	人教版物理　高中物理必修第三册	第九章　静电场及其应用 第4节　静电的防止与利用
	电流	人教版物理　九年级全一册	第十五章　电流和电路 第2节　电流和电路
	如何使水流"弯曲"？	人教版物理　高中物理必修第三册	第九章　静电场及其应用 第1节　电荷
	导电性	人教版物理　九年级全一册	第十五章　电流和电路 第1节　两种电荷
	看不见的磁场	人教版物理　九年级全一册	第二十章　电与磁 第1节　磁现象　磁场
	磁力	人教版物理　九年级全一册	第二十章　电与磁 第3节　电磁铁　电磁继电器
	自制指南针	人教版物理　九年级全一册	第二十章　电与磁 第1节　磁现象　磁场
	动态电磁场	人教版物理　九年级全一册	第二十章　电与磁 第3节　电磁铁　电磁继电器
第六章 生物	植物的生长	人教版生物学　高中生物学选择性必修1	第5章　植物生命活动的调节 第1节　植物生长素
	植物的向光性	人教版生物学　高中生物学选择性必修1	第5章　植物生命活动的调节 第1节　植物生长素
	酸性物质的侵害	人教版生物学　七年级下册	第四单元　生物圈中的人 第七章　人类活动对生物圈的影响 第二节　探究环境污染对生物的影响
	X射线	人教版生物学　高中生物学选择性必修1	第2章　神经调节 第2节　神经调节的基本方式
	半透膜	人教版生物学　高中生物学必修1	第4章　细胞的物质输入和输出 第1节　被动运输
	植物"指南针"	人教版生物学　七年级上册	第三单元　生物圈中的绿色植物 第一章　生物圈中有哪些绿色植物 第一节　藻类、苔藓和蕨类植物
	蒸腾作用	人教版生物学　七年级上册	第三单元　生物圈中的绿色植物 第三章　绿色植物与生物圈的水循环
	肌肉记忆	人教版生物学　七年级下册	第四单元　生物圈中的人 第六章　人体生命活动的调节 第三节　神经调节的基本方式
	生物的营养获取	人教版生物学　七年级下册	第四单元　生物圈中的人 第二章　人体的营养 第二节　消化和吸收
		人教版生物学　八年级上册	第五单元　生物圈中的其他生物 第四章　细菌和真菌 第五节　人类对细菌和真菌的利用